タネまく動物

体長150センチメートルのクマから1センチメートルのワラジムシまで

小池伸介・北村俊平
編著

きのした ちひろ
イラスト

文一総合出版

いろいろな動物たちが、植物のタネをまいている

「しゅしさんぷ」と聞いても、多くの人にとっては何のことかわからないのではないでしょうか。ただし、「種子散布」と文字にすると、「タネをまくこと」だとわかるかもしれません。多くの植物にとってタネは大切な子孫であるとともに、移動するための手段です。中には自らの力でタネを飛ばすことで、タネまきを行う植物もいますが、多くの植物はいろいろな力を頼ってタネをまきます。でも、植物は決して他力本願ではありません。たとえば、タンポポに息を吹きかけると綿毛が飛ぶのは、タネが風に乗りやすいように、あのフワフワ（冠毛）がタネにくっついているためです。また、ココヤシのタネ（いわゆる、ココナッツ）は海流の力を借りて遠くの海岸に流れ着きますが、水に浮かびやすい構造をしています。このように、風や水の力を借りてタネをまく植物は、長い年月をかけてタネがまかれやすいような姿になったと考えられています。

タネを運んでもらうために植物は……

植物の中には動物の力を借りてタネをまく種もいて、このようなタネまきを専門的には「動

物散布」と呼びます。動物散布を行うタネには動物と植物がお互いを利用し合ってきた、長年の知恵比べの歴史が詰まっているとともに、現在進行形の「進化」を垣間見ることができます。風や水と違って、動物には意思があります。わざわざ植物のためにタネを運んでくれる動物はそうそういません。そのため、植物は動物にタネを運んでもらうためにいくつもの作戦を練ってきました。

たとえば、タネのまわりを甘い果肉でおおうことで、タネを運んでもらう報酬として魅力的な食べ物を動物に提供するという作戦です。こうしたタネまきを「被食散布」（周食散布とも呼びますが、本書では被食散布に統一）と呼びます。一方、動物の中にはタネが食べ物という種もいます。ところが、植物はただ食べられるだけではなく、動物たちの食べ物を貯え、時々そのことを忘れるという習性を自らのタネまきに利用し始めました。こうしたタネまきを「貯食散布」と呼びます。食べられてしまうタネを動物への報酬として犠牲にすることで、食べ忘れられたタネによってタネまきを成功させます。このように、これらの動物散布は動物にとっても植物にとってもWin—Winの関係です。ところが、中には動物が気づかないうちにタネを体にくっつけて、タダ乗りしようとする植物もいます。こうしたタネまきを「付着散布」と呼びます。この方法は動物にとってはまったくメリットがないようです。

さらに、動物のウンチの中に含まれるタネを運ぶ虫もいて、動物散布における生き物同士の関係（専門的には種間関係、生物間相互作用と呼びます）は、「動物」と「植物」との間の関係のみならず、「風が吹けば桶屋が儲かる」ように、一見するとまったく関係のない生き物までもがタネまきにかかわることがあります。

動物散布を知ることの魅力

このように動物散布は生き物同士の複雑なかかわりの上に成り立っていることから、私たち動物散布を研究する研究者にとっては、目に見えない隠れた生き物同士のつながりが見えたときには、かけがえのない自然の姿に触れたような感動すらあります。また、それこそが動物散布を研究することの魅力のように感じています。

日本でもこの20年ほどの間で飛躍的に動物散布に関する研究が発展し、さまざまな動物が植物のタネまきにかかわっていることがわかってきました。この本では、今まで動物散布との接点がなかった人にも「動物散布」を身近に感じてもらうため、日本の動物によるタネまきに焦点を当てました。また、学術的な表現ではない点もありますが、最新の研究成果をちりばめ、わかりやすく紹介した内容となっています。コラムでは、ちょっと視点を変えた動物散布の研究例や、世界各地のおもしろい動物散布の事例を紹介しました。

本書を読めば、動物散布は単に「動物によるタネまき」や「利用する植物と利用される動物」という現象ではなく、示し合わせたかのように築き上げられた動物と植物との間の密接な関係であることがわかると思います。さらに、そういった生き物同士のかかわりの結果として日本の自然が存在することを考えると、自然は絶妙なバランスの上に成り立っていることを実感すること、間違いなしです。【小池伸介】

目次

タネまく鳥類

タネまく小さな生き物

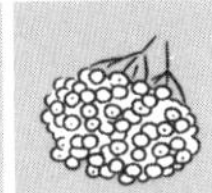

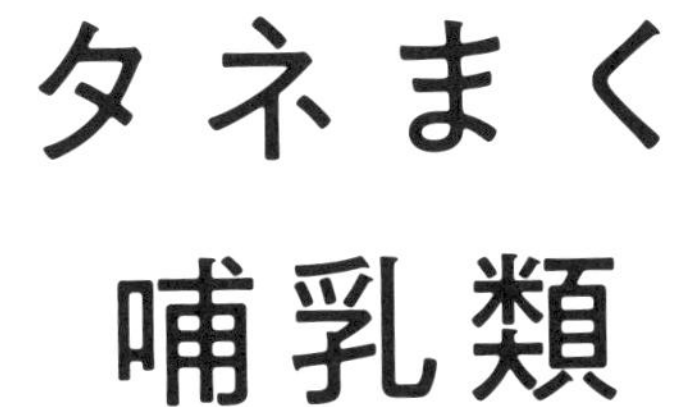

タネまく
哺乳類

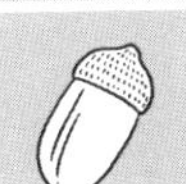

体が大きく、手足も器用な哺乳類ならではの種子散布者としての特徴があります。被食散布では、その特徴のひとつである歯でタネを砕いてしまうこともありますが、大きな果実やタネをたくさん、そして遠くまで運ぶことができます。貯食散布では距離は短くても、たくさんの果実やタネをかくすことができます。私たちにとっても身近な付着散布では、多くの動物がいろいろなタネを体中にくっつけて運んでいることがわかってきました。

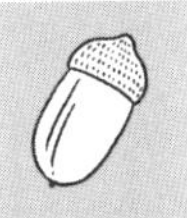

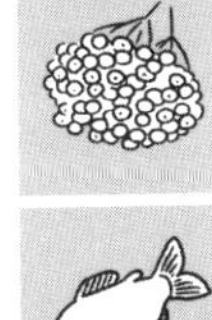

大きなクマが小さなタネを運ぶ

クマと聞けば、日本人の多くは肉食をイメージすると思いますが、実際に食べているものの大部分は植物、特に夏以降は果実がほとんどを占めます。そして、それらの果実に含まれるタネをまく、日本最大の種子散布者がクマです。

食べたらすぐにウンチになる

タネが動物によって運ばれる距離は、動物が果実を食べてから、口からタネを吐き出したり、ウンチとしてタネが排泄されるまでの間に、どれだけの距離を移動したかによって決まります。ツキノワグマ（以下クマ）は、食べ物を口にしてからウンチとなって出るまでに15～20時間ほどかかります。私たち人間の場合、食べ物によっても異なりますが、食べ物がウンチになるまでが24～48時間であることを考えると、あの巨体にしては「短い」と感じます。じつはクマの仲間は、もともと肉食に特化した動物の仲間から、雑食や植物食に進化してきた動物です。そのため、植物をすりつぶせるように臼歯が発達し、木登りが得意にはなったものの、消化器官はいまだに肉食仕様（＊1）です。そのため、消化器官は体の大きさの割には短く、より植物食に適応したニホンザルなどに比べると、食べ物がウンチになるまでの時間は短いのです。

＊1　クマは私たち人間と同じように胃がひとつしかない単胃動物。胃と小腸で食物を消化するが、自身の消化液では植物の繊維を消化することはできない。一方、シカなどの植物食の動物は消化器官の中にすむ微生物の力を借りて、時間をかけて植物を消化するため、食べ物がウンチになるまでの時間が長い傾向にある。

「食べ歩き生活」で遠くまでタネを運ぶ

クマは日々、だらだら歩きながら食べる「食べ歩き生活」を送っています。しかも、ほかのクマと群れることはなく、なわばりもないため、毎日自由気ままに森の中を歩きまわります。そのため、クマは口にしたタネの50％以上を、その果実が実っていた木よりも1キロメートル以上離れたところにまくことになります。時には、なんと20キロメートル以上も離れた場所にタネをまくことすらあります。

こういった長い距離のタネまきは秋に起こります。クマにとって秋はその後に控える冬眠に向けた大事な季節です。冬眠中のクマは飲まず食わずの状態で3か月から半年近くを穴の中で過ごしますが、その間の生きるためのエネルギー源は、秋の間に体内に貯えた脂肪です。そのため、秋の間には主食であるドングリ（＊2）を食べまくる必要があります。しかし、ドングリには実りが良い年と悪い年（＊3）があり、ドングリの実りが悪い年にはクマはドングリ以外のさまざまな種の果実をたくさん食べるようになります。

しかし、クマはふだん暮らしている場所だけでは十分な量の食べ物を得られないので、遠くの山にまで食べ物探しの遠征に出かける機会が増えるのです。じつは、この遠征のときがタネにとってはビッグチャンスです。遠征時にクマのお腹に入っているタネは、ふだんはどうやってもたどり着くことのないような遠くの森に運ばれます。

残念ながら、クマがドングリを食べても、ドングリは歯ですりつぶされてしまい、クマに

ツキノワグマ

＊2　ブナ科の果実、あるいはブナ科コナラ属の果実の俗称。

＊3　野生の多くの樹木では種子（果実）の実る量が大きく年によって変動する現象があり、これを結実豊凶と呼ぶ。特に、ドングリを実らせるブナ科の樹種では樹木同士で実りの程度が同調することが多いので、豊作の年には山にドングリがあふれ、凶作の年には山からドングリの姿が消えることがある。

よってドングリがまかれることはありません。つまり、ドングリから見るとクマは厄介な存在かもしれません。しかし、ドングリの凶作の年は、森で秋に果実を実らせるほかの植物にとっては、クマによって遠くにタネを運んでもらえる絶好のチャンスなのです。

クマは大口顧客

野生のサクラ1本には、平均約5万粒の果実が実ります。そのうち哺乳類によって食べられる果実は約1万8千粒、さらにそのうちの約40％の7千粒ほどがクマによって食べられるという記録があります。

しかし、どんな木にでもクマが果実を食べに訪れるわけではありません。クマが果実を食べるために訪れる木は、いずれも果実の実りのいい木ばかりで、クマは実りの悪い木には見向きもしません。クマは木に登って、木の上で果実を食べますが、実りの悪い木にわざわざ登るのはタイムパフォーマンスが悪いのでしょう。さらに、サクラを1本ごとに観察すると、クマが果実を食べに訪れるのは、わずか5日ほどの限られた期間です。果実が黒く成熟し始めたものの、まだ空から鳥たちが果実を食べに訪れる直前の、樹上にたわわに果実が実っているわずかなときを狙って、クマは木を訪れるのです。一晩のうちに、森の中のサクラの木々の幹にはクマが木に登った証拠である爪痕が残り、木の上には果実を食べた証拠であるクマ棚（＊4）が形作られるのは圧巻です。クマがどのように、木に登らずして、地上から実りの程度や食べどきをうかがい知るのかはわかりません。しかし、登ると決めた木では、クマは一度に5千粒以上

＊4　ツキノワグマは樹上の果実を食べるために樹木に登り、枝先に実った果実を食べるために、枝を折り1か所にたぐり寄せながら果実を採食する。その際、樹上にできる枝の塊をクマ棚、または円座と呼ぶ。

の果実を一気に食べて立ち去る神出鬼没な存在です。植物からすると、クマに選んでもらえるかどうかによって、タネを遠くに、さらにたくさん運ばれるかの運命がかかっているともいえます。

たくさん食べてちょこちょこ出す

クマは大きな体を維持するために、大量に食べます。言い換えれば、たくさんのウンチを出します。それでも、その消化の特性から、一度に食べた物を1回のウンチで出すのではなく、3〜8回に小分けにして出します。私がクマ牧場（＊5）で実験をしていた際も、あまりにもしょっちゅうウンチをするので、お腹の調子が悪いのではと思ったほどです。さらに移動しながらさまざまな場所にウンチと一緒にタネをばらまきます。これは植物にとってはありがたい特徴です。1か所にまとめてタネをまかれても、そこではタネ同士が栄養を取り合ってしまうので、小分けに運んでもらっていろいろな場所で発芽するほうが有利です。

しかし、そうはいっても、クマのウンチの中には何千粒ものタネが含まれます。では、これらのタネは無事に発芽できるのでしょうか。それをアシストするのが、この後に登場するネズミと糞虫です。この続きは糞虫のページで紹介するとして（116ページ参照）、ネズミと糞虫が森に存在することで、クマによってまかれたタネの中に、無事に発芽することができるタネが現れます。【小池伸介】

＊5　クマの飼育・展示を核にした動物園のこと。牧場とあるがクマはレジャー目的で飼育されている。

クマは大口顧客
クマは一度に5,000粒以上の果実を一気に食べて立ち去る神出鬼没な存在。植物からすると、クマに選んでもらえるかどうかによって、タネを遠くに、さらにたくさん運ばれるかがかかっている。
ムシャムシャ
たくさんある！
木に登ろう！
クマ棚
タネの発芽をアシスト
ネズミと糞虫が共に存在することでクマによってまかれたタネの中から無事に発芽できるタネが現れる！

タネを運ぶクマ
時には20km以上も離れた場所に
タネをまくことがある。
クマ棚
ムシャ
ムシャ
あんまりない…。
登るのをやめた。

「個体差」がタネの運命を決める

昔話の「サルカニ合戦」に登場するサルは、カニをいじめる悪役です。ところが、実際のサルは多くのタネを森にまき、森の世代交代を支えています。彼らの種子散布には「群れ生活」という、サルならではの習性が影響しています。

サルが食べる果実

日本人にとって、ニホンザル（以下サル）は身近な存在です。「桃太郎」や「サルカニ合戦」など、サルが出てくる昔話は日本人なら誰でも知っているし、日本最古のマンガとして知られる「鳥獣戯画」にもサルが登場します。

サルは本州・四国・九州および周辺の島々に生息し、30〜50頭の群れで生活する、森の動物です。「サルの食べ物」といえばバナナを連想しますが、野生のサルは雑食性で、特にいろいろな形の果実（液果・堅果*1いずれも）を好みます。体重は大人で8〜15キログラムと、ツキノワグマ（31〜100キログラム）に比べてずっと小さな動物ですが、群れのメンバー全体ではクマと同等、あるいはそれ以上の量の果実を食べます。したがって、サルに散布されるタネは、非常に多いと考えられます。

＊1　液果は種子のまわりが多肉質または多汁質の果肉（正確には果皮）におおわれている果実のこと。たとえばモモやブドウ。堅果は種子のまわりが硬く木化した果皮におおわれた果実のこと。たとえばドングリ（ブナ科の果実）。

サルの種子散布の特徴

これまでに全国7か所でサルのウンチを集め、どんなタネがウンチから出てくるかを調べました。場所ごとの違いはありましたが、ウンチからはおおむね10～20種の植物のタネが出現しました。夏と秋はタネが含まれるウンチが多く、またウンチ1個あたりに含まれるタネの数も多くなりました。大部分は木本のタネでしたが、草本のタネも一部含まれていました。

サルの種子散布の特徴として、ウンチとともにタネをまく被食散布や付着散布（54ページ参照）以外にも、食べきれない果実を頬袋に一時的に保管し、少し離れた場所で取り出してタネだけ吐き出す吐き出し散布（28ページ参照）のように、さまざまな方法でタネまきを行います。どの方法でタネまきを行うのかは、タネの形や大きさで決まるようです。また、サルのお腹の中をタネが通過することが、あらゆる種のタネの発芽にプラスになっているわけではないようです。

サルは中距離散布者

飼育されているサルにタネを混ぜたバナナを与え、タネが飲み込まれてから排泄されるまでの時間を調べたことがあります。この時間は「タネがサルのお腹に入っている時間」なので、野生のサルがこの時間に動き回った距離が、タネが運ばれる距離となります。

推定されたサルによってタネが運ばれる距離は、平均で500メートル、最長で1・3キロメートルでした。平均距離でみるとツキノワグマ（10ページ参照）よりずっと短く、タヌキ（22ページ参照）と同程度、そして鳥類（主に80ページ参照）よりも長距離でした。

実りの年変化と種子散布

サルは冬眠しないため、秋にたくさん食べて脂肪を貯えなければ、彼らは飢え死にしてしまいます。サルが秋にもっとも好んで食べるのは、効率よく脂肪を貯えることができるブナやコナラなどの堅果で、それに次ぐのが液果です。しかし、果実がどの年も安定してサルに供給されるわけではありません。実りは年変化するからです（11ページ参照）。お目当ての果実が食べられないとき、サルたちは食べることができるほかの種の果実を食べます。サルのウンチを10年ほど集めて分析したところ、ウンチに含まれるタネの種の組み合わせや数が年により大きく変化することがわかりました。さらに、年によってはサルがタネそのものを食べるために、ウンチに含まれる大部分のタネがかみ砕かれていることもありました。ある年にはタネまきを手伝い、別の年にはタネを破壊してしまうことから、サルは植物にとって常に好ましい存在とは言えないようです。

社会的順位と種子散布の関係

サルの群れの中には明確な順位関係（＊2）があります。サル同士で食べ物をめぐる争いが起きると、食べ物が順位関係に応じて変わることがあります。

種子散布への順位関係の影響を検討するために、個体ごとのウンチの中身を調べました。そ

＊2　群れのメンバーの間には、最上位から最下位まで、直線的な順位関係が存在する。サルは自他の社会的な立場を認識しており、それに基づいたふるまいをする。たとえば、劣位個体が果実を食べているときに優位個体が近づいてくると、劣位個体はその場を譲る。結果として、群れ内の無用な争いが避けられる。

の結果、ガマズミのタネは高い順位の個体のウンチから、一方、ノイバラのタネは、低い順位の個体のウンチからより多く出現しました。ガマズミのほうが果実の栄養価が高いため、高い順位の個体がより多く食べることができたためです。

サルがいなくなると森林はどうなる?

サルが暮らす屋久島と、サルが絶滅した種子島で、ヤマモモの果実を食べにやってくる動物を比較したところ、屋久島ではサルが大部分の果実を持ち去ったのに対し、種子島ではヒヨドリが一番多くの果実を持ち去りました。しかし、その量はサルと比べてずっと少なかったそうです。つまり、種子島ではかつてサルが多くのタネまきに貢献していたのに、絶滅後はサルの替わりのタネまきをする動物がおらず、後継ぎとなる若い植物が育たない状態が半世紀以上も続いているのです。現在、種子島と屋久島で森の見た目の構造に大きな違いはないそうですが、100年後の森の構造は、2つの島で大きく変わっているかもしれません。【辻 大和】

ガマズミの果実を食べる
ニホンザルたち。
高順位の個体のウンチからは
ガマズミのタネがよく出現する。

社会的な順位は
食べる物を
左右するため、
個体によって
散布するタネが異なる。

トイレにタネをまく

「かちかち山」から「タヌキおやじ」まで、タヌキは昔から今に至るまで日本人にとってなじみ深い動物です。しかし、「アナグマとタヌキの違いは？」や「何を食べているの？」など、実際のタヌキの姿を知っている人はあまりいないのではないでしょうか。そんなタヌキも日本の森ではタネまきメンバーの一員です。そして、タヌキのタネまきを考える上で避けては通れないのが「ためフン」です。

トイレで芽生える

タヌキは同じ場所にくり返してウンチをする習性があります。そのような場所を「ためフン」と呼び、いわゆるトイレのようなものです。ためフンには複数のタヌキがたびたび訪れ、ウンチをするだけでなく、匂いを嗅ぐ行動も観察されることから、単にトイレとしてだけではなく、コミュニケーションの場としても使っていると考えられます。そして、毎回同じ場所にウンチをするということは、そこには多くのタネがまかれます。果たして、それらのタネは無事に発芽して、芽生えは育つことができるのでしょうか。

タヌキによってまかれたイチョウのタネを観察したところ、発芽1年後の芽生えの生存率は約85%でした。春早くにタネから発芽した芽生えほど、早く大きくなれるため、生存率も高いようです。一方、残念ながら枯れてしまった芽生えの主な死亡原因は、ためフンを訪れたタヌキがウンチをするときに踏ん張る足に踏みつぶされたり、新たなウンチに押しつぶされてしまうためでした。ただし、タヌキの行動をよく観察すると、どうも生長した芽生えがお尻に当たるのが嫌なようで、背の高い芽生えがある場所を避けてウンチをする傾向があります。そのため、長年使っているためフンでは、タヌキは芽生えの生長に合わせて、ためフンの中でも少しずつ場所をずらしながらウンチをすることで、多くの芽生えが生き残れるようです。

イチョウの下には多くのギンナンが残る

秋になると、あの独特の匂いを発するイチョウの果実、じつはあれは果実ではありません。生物学で「果実」は被子植物（*1）の花の子房がタネを含んでふくれた部分のことです。ただし、イチョウは裸子植物（*2）なので果実はできません。では、ギンナンのまわりに存在する異臭を放つ、果肉のような黄色い部分は何かというと、タネ（ギンナン）のまわりをおおっている種皮（しゅひ）が生長したものです。この部分は人間の食用にはならず、触れるとかぶれて炎症をおこすこともある厄介物です。しかし、この部分を含むイチョウの実は、都市に生活するタヌキにとっては秋の大切な食べ物です。さらに、ギンナンはほかの植物のタネよりも大きいため、鳥ではなく哺乳類にタネまきを依存しています。特に、都市では生息する哺乳類が限られるため、タヌキがイチョウの主な種子散布者となります。

*1　被子植物とは、タネのもとになる胚珠と呼ばれる組織が果実のもとになる子房におおわれ、守られている植物のこと。被子植物は、花をつけ、その花は蜜や花粉を通じて受粉を行って果実をつくるといった特徴をもつ。果実はタネを包み、保護したり、動物を引きつける役割を果たす。また、タネは受粉したときに胚珠が変化したもの。

*2　裸子植物は胚珠がむき出しになっている植物のこと。タネのもととなる胚珠を守る子房がないという特徴から、被子植物とは別のグループとして区別されている。

木登りが上手ではないタヌキは基本的には地面で、木から落ちた実を食べます。都市のある報告では、地面に落下し、哺乳類に食べられたイチョウの実の97％はタヌキによるものでした。しかし、木の全体の実りに対して、タヌキが食べる実はわずか１・２％でした。多くの実は誰にも食べられることなく地面に放置されるため、あの匂いの発生源となっているようです。

一般的に、動物は果実を食べるために、実りの多い木を選んで、木を訪れる傾向があります。しかし、都市のタヌキは実りの多い木の下で実を食べるのではなく、薮などで木の根元が周囲から見通しの悪い木を選びます。さらに、タヌキは夜な夜な地面に落ちた実を、ササっと短い時間で食べます。これは、都市のタヌキは人間を避ける行動をとることで、都市の環境に適応した結果と考えられます。そのため、都市では人目につくイチョウの木の下には多くの実が残ることになるのかもしれません。

ビーズで散布距離を測る

タネが動物によって運ばれる距離を測るには、直接観察ができる種を除いて、ほとんどの動物は動物園などで飼育されている個体を使って、食べたタネがウンチとなって排泄されるまでの時間を測るとともに、野生の個体を使って一定時間あたりに動く距離を算出します。そして、この両方の値を掛け合わせることで、タネが運ばれる距離を推定します。

しかし、タヌキはためフンのおかげでタネを運ぶ距離を特定することができます。調査では、森の中のいたるところにタネを模したビーズを埋め込んだ、数センチメートルほどの大きさに切ったキウイフルーツを置きます。その後、ためフンからビーズを回収することで、キウイフルーツを置いた場所とためフンとの間の距離から、ビーズが運ばれた距離を特定できます。さらに、キウイフルーツを置く場所ごとにビーズの色を変えることで、どこで食べられたビーズなのかを区別することができます。1300個のビーズをキウイフルーツに埋め込んだ事例では、タヌキは平均200メートルほど離れた場所にタネをまくことがわかりました。しかし、19か所のためフンから回収できたビーズは、タヌキが食べたビーズのうちの27%で、残りの73%のビーズは森の中のためフンからは回収できませんでした。

タヌキは森を広げる

郊外で同じような方法でタヌキがタネを運ぶ距離を調べた報告では、森の中に設置したタネを模したマーカーのうち、約3分の2は森の中のためフンから回収されたそうです。しかし、残りの3分の1のマーカーは森の外の、草地にあるためフンから回収されたそうです。草地のためフンは森の中よりも明るいため、タネは発芽しやすいかもしれません。タヌキの森を出入りする行動が、森の植物のタネを森の外に移動させることを助けているようです。長い目で見ればタヌキは森を広げることに役立っているのかもしれません。【小池伸介】

根元が薮などにかくれているイチョウの木を選び、
そこに落ちているギンナンを食べる都市部のタヌキたち。

ためフンからの
芽生えを
避けながら
用を足す。
イチョウの実生
ためフン（タヌキのトイレ）に
たまったフンの中から、
いくつかのタネが芽生える。

コラム1

口からタネをまく

ポケモンのタネマシンガンのようにスイカのタネを口から飛ばした経験が誰にでもあるように、果実を食べた動物はウンチとしてタネをまくだけでなく、口からもタネをまくことがあります。たとえば、頬袋が発達したサルの仲間では、多くの果実を頬袋に詰め込み、安全な場所に移動した後に、歯を使って果肉を食べつつ、不要なタネは吐き出します。特に、大きなタネを含む果実のタネほど吐き出されやすいです。サル以外でも、鳥は消化管で消化できない食べ物を口から吐き戻すことがあります。吐き出された塊は「ペリット」と呼ばれ、よくタネを含んでいることがあります。また、シカの仲間には、消化するには大きすぎるタネを含む果実を口にした際には、反芻（はんすう）の途中で口からタネを吐き出すことがあります。口からまかれるタネは、ウンチとしてまかれるタネよりも動物の体の中に滞在する時間が短いので、まかれた後のタネの発芽率が高い傾向があります。【小池伸介】

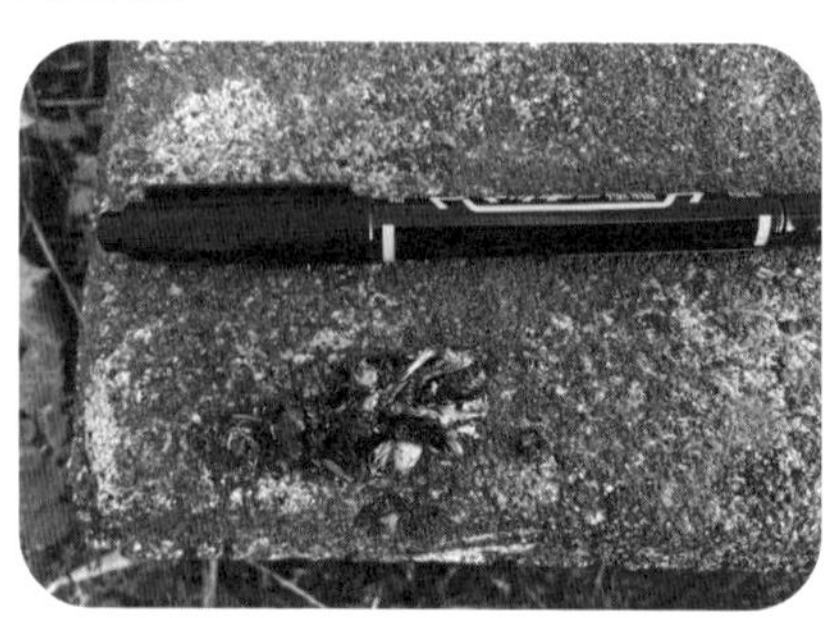

カラスのペリット。（写真：佐藤華音）

コラム2

どこでウンチする？

いろいろな動物の種子散布者としての特徴を表すのに、タネの散布距離や運ばれるタネの量が物差しとしてよく使われます。これら以外にも、どのような場所でウンチをしやすいのか？も、タネが無事に発芽し、芽生えが生長する上では大切な点です。哺乳類に注目したところ、ツキノワグマは夏には森の中に、秋には森の中だけでなく森の縁のような明るい場所にもよくウンチをします。一方、ニホンザルとニホンテンは季節に関係なくさまざまな場所でウンチをします。また、タヌキは森の中でも、地面が硬く、斜面がゆるやかで植物に囲まれた場所でよくウンチをします。哺乳類各種は同じ種の果実を食べたとしても、それぞれが異なる環境の場所にタネをまくので、種子散布者としても異なる役割を果たしています。異なる役割をもつさまざまな種の種子散布者が同じ場所に生息することは、植物にとってはさまざまな場所にタネが運ばれる機会が確保されることにつながります。【栃木香帆子】

森の中で見つかる
タヌキのウンチ。（写真：大杉 滋）

明るい場所で見つかる
テンのウンチ。（写真：安田和真）

肉食獣だって果実が好き！

美しい毛をもつテンは、イタチの仲間。肉食性の動物だと思われがちですが、彼らは果実が主食です。テンが果実を食べる行動は、一部の植物の生育にとって有利に作用するようです。

果実食性の高いテン

ニホンテン（以下テン）は、地味な体色が多い日本産の哺乳類の中では珍しく、体毛がオレンジ色です。冬になると、体色は鮮やかなレモン色に、そして顔の毛は白く変わります。テンは食肉目に属しますが、イタチやキツネに比べて果実に偏った食性で、重量ベースで半分以上の食べ物を果実に依存する季節もあります。テンは樹上性の強い動物で、するすると木に登って、細い枝先まで移動することができます。これも、果実を食べるために獲得した特徴だと考えられています。

テンは一年を通じて果実を食べます。特に夏のサクラ類、秋のサルナシ、ヤマブドウ、アケビ類、そして冬のヒサカキのタネは、多くの地域のテンのウンチからよく見つかります。したがって、テンはこれらの樹種の種子散布者として働いていると考えられます。

テンは目立つ場所にウンチをする

テンが好んでウンチをする場所は、木々の間に日が差す場所や林道沿い（林縁）です。テンの用足しにはマーキング（＊1）の意味があり、目立つ場所でウンチをすることにより、となりあう個体に対して自らのなわばりの存在をアピールしているようです。うっそうとした森の中に入らなくてもいいので、私たちがテンのウンチを見つけるのは比較的簡単です。

タネの発芽・芽生えの初期生長を促進する飲み込み

サルナシのタネをプランターや大学の畑にまいて、発芽までの日数や発芽率を評価しました。①テンのウンチから取り出したタネ、②果実から取り出したタネ、そして③タネが入った果実という3つの条件で結果を比較すれば、テンによるタネの飲み込みがタネの発芽や芽生えの生長に与える影響を評価できます。

発芽実験の結果、テンに飲み込まれたタネは、ほかの条件のタネに比べて発芽するまでの日数が短く、発芽率が高いことがわかりました。果肉にはタネの発芽を阻害する成分が含まれていますが、どうやらテンの口の中でタネと果肉が分離されることにより、発芽が促進されているようです。咀嚼（そしゃく）によって、あるいは消化の影響でタネの表面に傷がつくことが、発芽率のアップに影響したのかもしれません。

＊1　テン属の動物は、自らのウンチを同種他個体になわばりをアピールするためのサインポストとして利用する習性がある。ウンチは、道の真ん中や切り株の上、橋の欄干など、目立つ場所に排泄されるため「見せフン」とも呼ばれる。

テンは広い範囲にタネを運ぶ

テンは、どれくらい離れた場所までタネを運ぶのでしょうか？　それを明らかにするために、動物園で飼育されているテンにタネを混ぜた食べ物を与え、タネが飲み込まれてから排泄されるまでの時間を調べました。この時間は「タネがテンのお腹に入っている時間」なので、この間にテンが動きまわった距離が、タネが運ばれる距離となります。動物園のバックヤードに防犯カメラを持ち込み、テンの行動を24時間撮影します。ウンチが排泄されたのを確認したら飼育ケージに入るのですが、個体によっては『ギャー！』と鋭い叫び声をあげて飛びかかってくるので、飼育員が食い止めている間に床に落ちたウンチを急いで採集します。

室内実験と野外調査を組み合わせて推定されたテンによってタネが運ばれる距離は、平均700メートル、最長で3キロメートルでした。平均距離ではツキノワグマ（10ページ参照）に次ぎ、ニホンザル（16ページ参照）やタヌキ（22ページ参照）よりもずっと長い距離です。さらに、散布距離の範囲内にはどこでもタネがまかれる可能性がありますから、テンはタネをさまざまな場所に運んで、次世代の樹木の生育に貢献していると考えられます。

テンとつる植物は持ちつ持たれつ

植物の中には、テンによるタネの散布で大きな利益を受けているグループがあります。それは、サルナシやアケビ、ヤマブドウといったつる植物です。つる植物は、森にぽっかり空いたすき間（林冠ギャップ）（＊2）に真っ先に侵入して生長・繁殖し、光や養分をめぐる競争相手が増えたころには別の場所に移動する（厳密には移動するのは子孫ですが）、という生活史をもちます。先に述べたように、テンは植物の少ない開けた場所に、なわばり宣言のためにウンチをしますが、つる植物のタネにとっては、そのような場所が発芽・生長に理想的です。つまりテンは自分の命を支える植物の生長を自らの行動でサポートし、つる植物は自らの分布拡大を、テンというパートナーの力を借りて行っている、という関係を築いているわけです。テンと植物は、言葉を交わしたわけでもないのに、行動や生理的な特徴を相手に合わせて変化させ、結果としてWin―Winの関係を築いているのです。【辻 大和】

＊2　樹木の倒木や枯死によってできた、森の樹木の上部、枝や葉の集まった部分（林冠）にできる大きなすき間のこと。通常の森の中は薄暗く、多くの小さく、若い木は生長できない。しかし、背の高い木が何らかの原因で枯死した場合、林冠ギャップができることで地面にまで光が差し込むため、若い木も生長できるチャンスを得る。

ときにうっかり、ときに賢い！

森に暮らすネズミ（＊1）は、種子捕食者（＊2）としてふるまうことが多いですが、じつは、種子散布者としての役割も担っています。その両面を持つ点が、ネズミが関与する種子散布の特徴です。

ネズミは、どんなときに散布者になるの？

サクランボの果実を例に、ツキノワグマとネズミの果実の食べ方について比較してみることにします。ツキノワグマはサクランボの果実を丸ごと飲み込んで、果実の外側にある果肉を食べ、消化できなかったタネを排泄することで、種子散布が達成されます（10ページ参照）。一方、ネズミは果肉には見向きもせずに、その中のタネを食べてしまうので、種子捕食者になります。では、ドングリの場合はどうでしょうか？　ツキノワグマもネズミも、ドングリの中身を食べます。中身が食べられてしまえば、やはりツキノワグマもネズミも種子捕食者になってしまいます。

それでは、どのような場合に、ネズミは種子散布者になれるのでしょうか？　じつは、ネズミのもつ貯食行動（＊3）が、そのカギを握っています。ネズミは食べ物が少ない冬に備えて、

＊1　本項ではアカネズミ属のネズミを中心に紹介する。日本にはアカネズミとヒメネズミが生息している。アカネズミやヒメネズミ、ハタネズミなどは野ネズミ、ドブネズミやクマネズミ、ハツカネズミなどは家ネズミと呼ぶ。

＊2　タネそのものを食べ物として利用する動物のことで、食べられたタネは消化され、被食散布されることはない。

＊3　動物が餌をかくすなどし、貯蔵する行動。

ドングリを巣穴などにせっせと運び、貯えます。冬の間、そのドングリを少しずつ食べながら、春を待ちますが、貯えたドングリが全部食べられずに余ってしまったり、かくしておいた場所をうっかり忘れてしまうことがあるのです。ネズミに食べられずに春を迎えることができたドングリは、めでたく発芽でき、種子散布が達成されるという仕組みです。

ネズミが好むタネとは？

ネズミがタネを運ぶ木の中で、もっとも有名なのは、いわゆるドングリと呼ばれるタネをつけるブナの仲間です。ドングリの大きさは、約1センチメートルのブナから約2センチメートルのミズナラまで、木の種によってさまざまです。さらに、ネズミが運ぶ大きなタネとしては、3センチメートルほどのオニグルミがあります。体重約30グラム、体長約10センチメートルのネズミですが、自分の体重の80%に相当する重さのオニグルミを運ぶこともあるのです。さらに、自分の頭よりも大きく、重たいドングリでも口にくわえて、いとも簡単に運んでしまう、怪力の持ち主といえます。

一方で、ドングリより小さなタネを運ぶこともあります。鳥やツキノワグマが食べるサクランボのような果実の仲間のタネです。大きさが2ミリメートルほどのムラサキシキブという木のタネを運ぶこともあります。ただしネズミは、ドングリのように大きなタネを好む傾向があるようです。

ドングリと深い関係にあるシギゾウムシという昆虫がいます。この昆虫はドングリの中に卵を産みつけ、孵化した幼虫はドングリの中で中身を食べて成長します。その中身がすべて食べられてしまえば、タネは発芽できません。クリの場合、そのドングリの50%程度にシギゾウムシの幼虫が入っていて、中身を食べてしまいます。シギゾウムシは、ネズミがドングリを運ぶ前にドングリを食べてしまう、種子捕食者の中でも最大勢力です。ところが、ネズミはこのシギゾウムシの幼虫がドングリの中に入っているかどうかを区別することができます。シギゾウムシの幼虫が入っていないドングリを選び、運ぶ傾向があるのです。つまり、森の地面に無数に落ちているドングリの中から、発芽する可能性の高いドングリを選び出し、せっせと運んでいる賢い種子散布者でもあるのです。

ネズミがドングリを運ぶ場所とその距離は？

ネズミはドングリを巣穴や坑道にたくさん持ち帰って、まとめて貯えることもあれば、倒れた木の下や切り株の根元などに運び、少しずつ貯えることもあります。50個程度のドングリを深さ60センチメートルほどの地中にある巣穴に貯め込む場合もあるのですが、さすがにこの深さでは発芽できません。地面の上や深さ20センチメートル程度までの地中に運ばれたドングリが発芽できるのです。

欲張りなネズミはコナラのような小さなドングリより、ミズナラのような大きなドングリを好み、そのドングリを遠くまで運ぶ傾向があります。これは大きいドングリのほうが栄養価は高く、タネを運ぶコストに見合ったメリットが得られるからです。つまり、巣穴から遠くまでタネを探しに行ったからには、その労力に見合った栄養価の高い食べ物を見つけて、巣穴まで持ち帰ってこない限り、割に合わない！　と、ネズミは考えるのでしょう。ネズミによってドングリが運ばれる距離は、大半が10メートル前後で、まれに50メートルを超えることもありますが、100メートルを超えることはほとんどありません。鳥の仲間のカケスがドングリを運ぶ距離は100メートル〜1キロメートル程度ですので、それと比べると、散布距離はやや短いといえます（68ページ参照）。

森づくりの縁の下の力持ち

ネズミの数は年や季節によって大きく変化しますが、1ヘクタール（＊4）あたりの数が100頭まで増えることもあります。彼らはせっせとドングリを運ぶことで、森づくりの一翼を担っていると考えられています。たとえば、木が伐採された跡地（伐採地）には、倒れた木や切り株があります。このような場所は、ネズミによってドングリが運ばれやすい場所です。このような伐採地のとなりにドングリのなる広葉樹林（＊5）があれば、そのドングリがネズミによって伐採地に運ばれ、やがて広葉樹林ができあがります。針葉樹（＊6）からなる人工林（＊7）のとなりに広葉樹林があれば、同じように、ネズミによってドングリが人工林に運ばれます。このようなネズミによる種子散布によって、針広混交林（＊8）ができあがっていきます。針広混交林には、生物多様性の保全や水土保全、木材生産性の向上など、さまざまな効果が期待されていることからも、ネズミの存在が森の価値を高めているといえます。【高橋一秋】

＊4　1ヘクタールは、100メートル×100メートルの面積。

＊5　幅が広く平らな葉をつける木のことを広葉樹といい、広葉樹が集まった林のことを広葉樹林と呼ぶ。たとえば、サクラやブナなどの仲間。

＊6　針のように細長く、硬い葉をつける木のことを針葉樹と言い、針葉樹が集まった林のことを針葉樹林と呼ぶ。たとえば、スギやマツなどの仲間。

＊7　人の手によって苗木が植えられ、育てられている林。たとえば、木材生産のためにスギの苗木が植えられた場合は、スギ人工林と呼ぶ。

＊8　スギやヒノキなどの針葉樹の苗木を植えて育てられている人工林に、広葉樹が侵入してきてできあがった林のこと。針葉樹と広葉樹が混ざり合っている。

果肉を食べるクマ、タネを食べるネズミ

ツキノワグマの場合

木登りをして
サクランボの実を
たくさん
食べる。
サクラの実
体内で果肉を消化。
タネはウンチと
一緒に排泄。

アカネズミの場合

落ちている
サクランボを
拾う。
サクラの実
実の中にある
タネの中身を
取り出して食べる。
ガリ ガリ ガリ
果肉
内果皮*は捨てる。
中身を
食べる

＊タネの周囲の堅い部分。

オニグルミのような

オニグルミのほうが
大きく1つあたりの

虫に食われている…！
シギゾウムシの幼虫
アカネズミは中に昆虫の幼虫が入っているドングリとそうではないドングリを区別し、幼虫が入っていないドングリを選ぶ。
これにする

木が伐採された跡地にアカネズミがタネを運ぶことで針広混交林ができあがる。
このあたりにタネをかくしておこう
すごいでしょ？

森のタネまき名人

ドングリをくわえて運び、大事そうに地中に貯えるリス（＊1）。絵本などで見たことがあると思います。食べ物が少ない冬に備えて、実りの秋にせっせと貯めます。リスは貯えたドングリすべてを食べるわけではなく、食べ忘れたドングリは春に芽を出して、やがて生長して実を結ぶ、と描かれている絵本もあります（＊2）。このように、リスによる貯食が植物の次世代を育むという話（「貯食散布」という）は、子どものころからなんとなく知っている方も多いと思いますが、実際はどうなのでしょうか。

リスはなぜ貯食するのか？

リスはクマやタヌキなどほかの哺乳類とは異なり、体に脂肪を貯えるのではなく、食べ物を貯えることで厳しい冬を乗り越えます。冬眠をしないキタリス（＊3）やニホンリスは1個ずつタネを運んで別々の場所に埋めていく「分散貯食」をし、冬の間にそれを少しずつ食べます。冬眠するシマリス（＊4）は頬袋をもち、ミズナラなどのタネ（ドングリ）を一度にたくさん運んで巣穴に貯食する「集中貯食」をし、冬眠中にも時折目覚めて、貯えたタネを食べます。

とはいえ、冬の間に必要な食べ物の量を正確に把握して貯食しているというわけではなさそ

＊1　本項でリスと表記した場合はリスの仲間全体を示す。

＊2　日本に生息するニホンリスやキタリスはタンニン含有率が高く、渋みが強いドングリ類（カシ類）をあまり貯食しない。タンニンが少ないスダジイなどは好んで食べる。北アメリカにはドングリ類を好んで食べ、貯食するハイイロリスが生息している。

＊3　北海道に生息するキタリスの亜種をエゾリスと呼ぶ。

＊4　北海道に生息するシマリスの亜種をエゾシマリスと呼ぶ。

うです。ニホンリスはオニグルミのタネが実る9〜10月にかけて毎日のように10個以上（おそらく1個体が合計で1000個以上）貯食しますが、貯食したすべてのタネを冬の間に食べつくすことはありません。オニグルミのタネに小型の発信器（2グラム）を取りつけ、実際にリスが持ち去ったクルミを追跡したところ、約1割は食べ残され発芽のチャンスを得ました。忘れてしまったのか？　食べる必要がなかっただけなのか？　それはリスにしかわかりません。

リスは何でも貯食するというわけではありません。硬くて大きくて脂肪分の多い食べ物を目にすると、貯食の衝動が発動するようです。この行動は理にかなっています。やわらかいヤマグワの果実を土中に埋めてもすぐに腐ってしまいますし、小さなケヤキのタネを1個ずつ運んで埋めるのは面倒です。1個ずつ運搬して穴を掘って埋める貯食行動は、それに見合うエネルギー対価が得られる保存可能で栄養価の高いタネに対してのみ行われるのです。

貯食されるタネのメリットは？

オニグルミやミズナラなど比較的大型のタネは、成熟すると落下し、親木の直下に溜まります。地形によっては、谷に転がり落ちて沢に流れていくこともあるでしょう。しかし、リスに分散貯食してもらうことで1個ずつ離れたところへ運んでもらえます。谷方向ばかりでなく、尾根方向や尾根を越えてとなりの斜面までも。そして、リスによって枯葉の下や浅い地中に埋めてもらうことで、冬の乾燥をまぬがれ、春には無事に発芽することができます。

初夏、ニホンリスがすむ森でオニグルミの芽生えの分布を調べた結果、親木周辺に芽生えはなく、前年に落下したタネの芽生え（当年生実生）は20〜30メートル離れた位置に多く見られました。二年生以降の芽生えはより遠く、40〜50メートルの距離に多く分布していました。リスなどによって親木からより遠くに運ばれたタネのほうが、その後も生き残りやすいことがわかります。

キタリスやニホンリスはササなどによる見通しの悪い茂みを嫌い、地表の草木がまばらな、比較的開けた場所に貯食します。リスが選ぶ貯食場所はタネにとっても好都合です。ササなどが繁茂した場所では、発芽後の芽生えの生残率が低くなるからです。リスの貯食行動はタネにとって安全な場所への確実な散布（セーフサイトへの「指向性散布」）という、大きなメリットがあります。

リスはタネをどこまで運ぶ？

ニホンリスがタネを運搬する距離を知るために、小型の発信器を取りつけたオニグルミのタネのゆくえを調べてみました。720個のタネの貯食先を調べたところ、運搬距離は平均すると約10〜20メートル、最大で168メートルでした。オニグルミのタネは、リスだけではなく、アカネズミも好んで食べます（34ページ参照）。アカネズミは、クルミのタネが落下している親木近くでタネを探索することが多いのですが、リスが地中に貯食したタネを見つけて盗むこともあります。アカネズミの密度が高い場所では、リスはタネを遠くまで運んで埋める傾向があります。また、リスはオニグルミの果実がたくさん落ちている場合には、親木の近くに貯食しますが、果実が少ない状況だと1個ずつ時間をかけて遠くまで運んで埋めます。小さいタネ（約5グラム）よりも大きいタネ（約15グラム）を遠くへ運ぶ傾向があることもわかりました。クルミを1個ずつ運んで貯食し、また親木に戻ってくるという行動は遠くに運ぶほどコストがかかります。リスはどれだけコストをかけるべきか、タネの価値と盗まれる危険度によって臨機応変に変えていることがわかりました。

貯食してもらうためのタネの進化

300万年から150万年前の地層から出土されるクルミ属オオバタグルミのタネの化石は、現生種よりも大きく、溝が深く、可食部である仁（じん）（*5）が小さかったそうです。しかしその後、次第に可食部が大きく溝が少ない小型の現生種に置き換わります。クルミ類のタネの発芽や初期生長にとって、仁はそれほど大きい必要はないのです。種子散布者を誘引し、遠くへ運んでもらうために、報酬として大きい可食部を備えたと考えられています。

現生するオニグルミのタネの大きさ（約10グラム）は、アカネズミにとって大きすぎるようで、アカネズミは小さめのオニグルミのタネを選んで利用しています。また、ササなどが繁茂する林床に持ち去るアカネズミは、オニグルミにとって歓迎される散布者ではないのでしょう。キタリスやニホンリスの貯食行動は、オニグルミにとって好都合であった結果、リスに運搬され貯食されやすい大きさのオニグルミが選択されてきたのだと考えられます。長い時間をかけて、リスとクルミは切っても切れない関係になっているようです。【田村典子】

*5 クルミは緑色の外果皮、堅く木化した内果皮、それに包まれた仁からなる。仁には子葉となるための胚と、その栄養分である胚乳が含まれる。

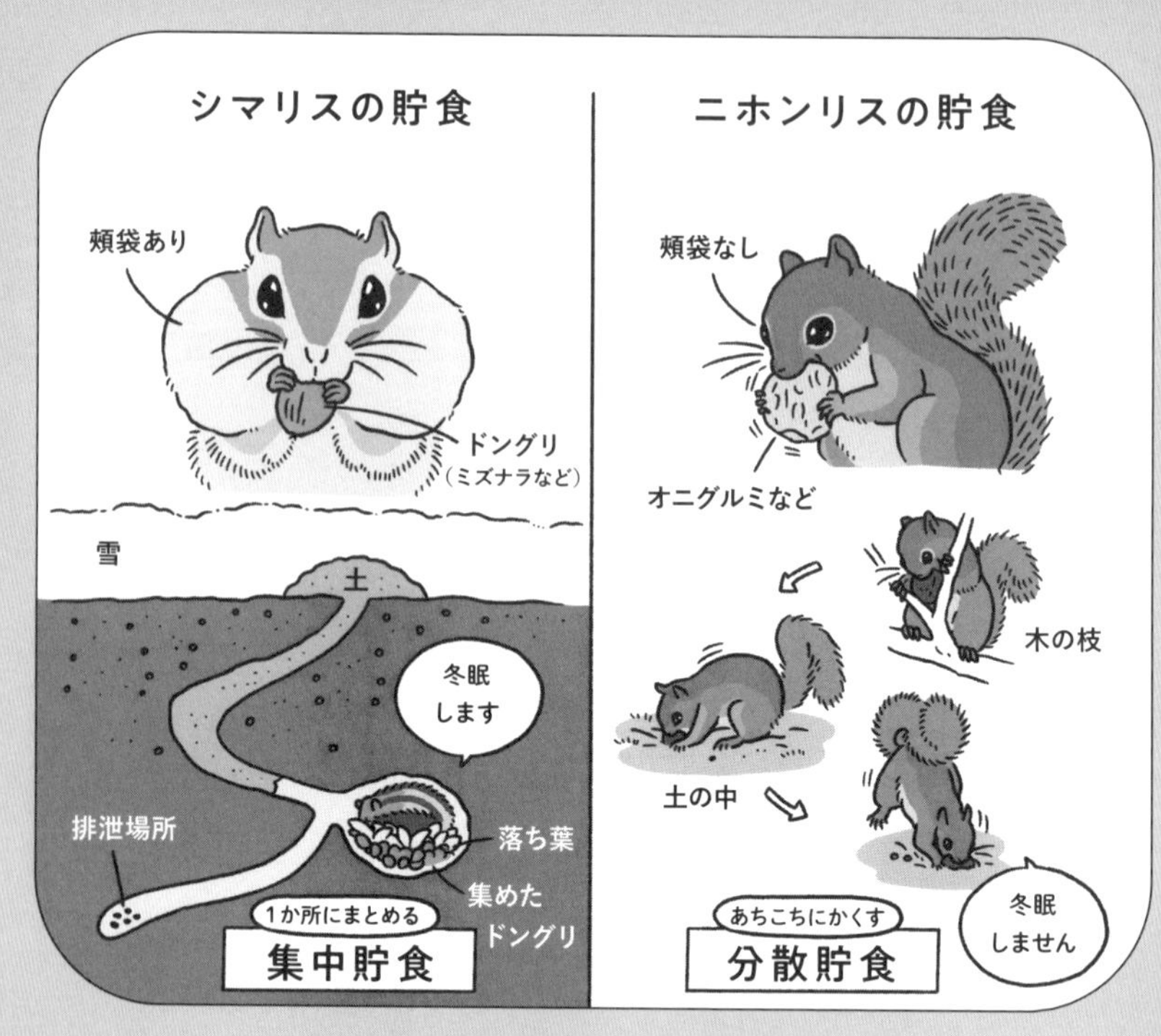
シマリスの貯食
頬袋あり
ドングリ
（ミズナラなど）
雪
土
冬眠
します
排泄場所
落ち葉
集めた
ドングリ
1か所にまとめる
集中貯食
ニホンリスの貯食
頬袋なし
オニグルミなど
木の枝
土の中
冬眠
しません
あちこちにかくす
分散貯食

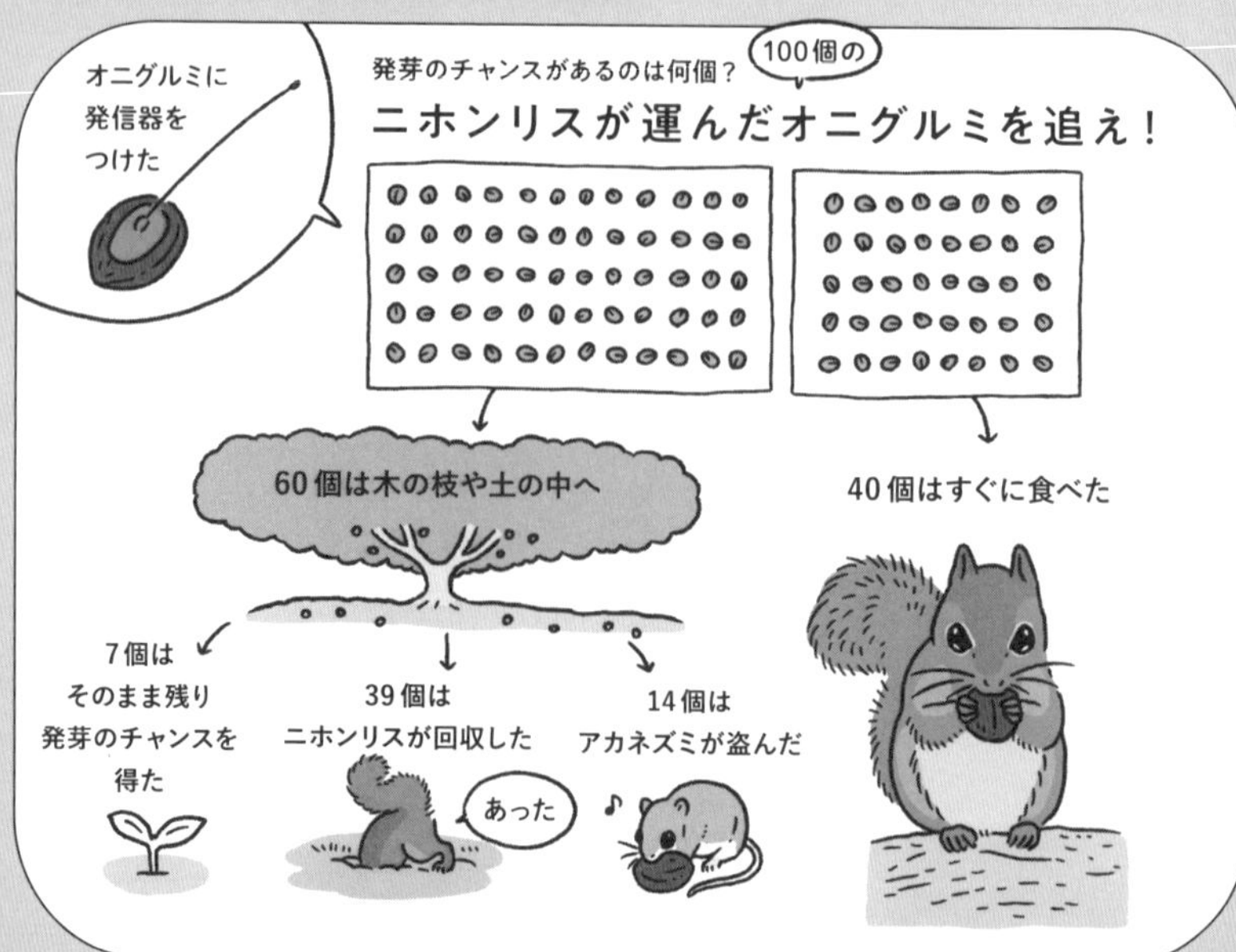
オニグルミに
発信器を
つけた
発芽のチャンスがあるのは何個？
100個の
ニホンリスが運んだオニグルミを追え！
60個は木の枝や土の中へ
40個はすぐに食べた
7個は
そのまま残り
発芽のチャンスを
得た
39個は
ニホンリスが回収した
あった
14個は
アカネズミが盗んだ

リスがクルミを遠くまで運ぶのはどんなとき？

実が少ないとき

遠くへ

アカネズミの
密度が高いとき

遠くへ

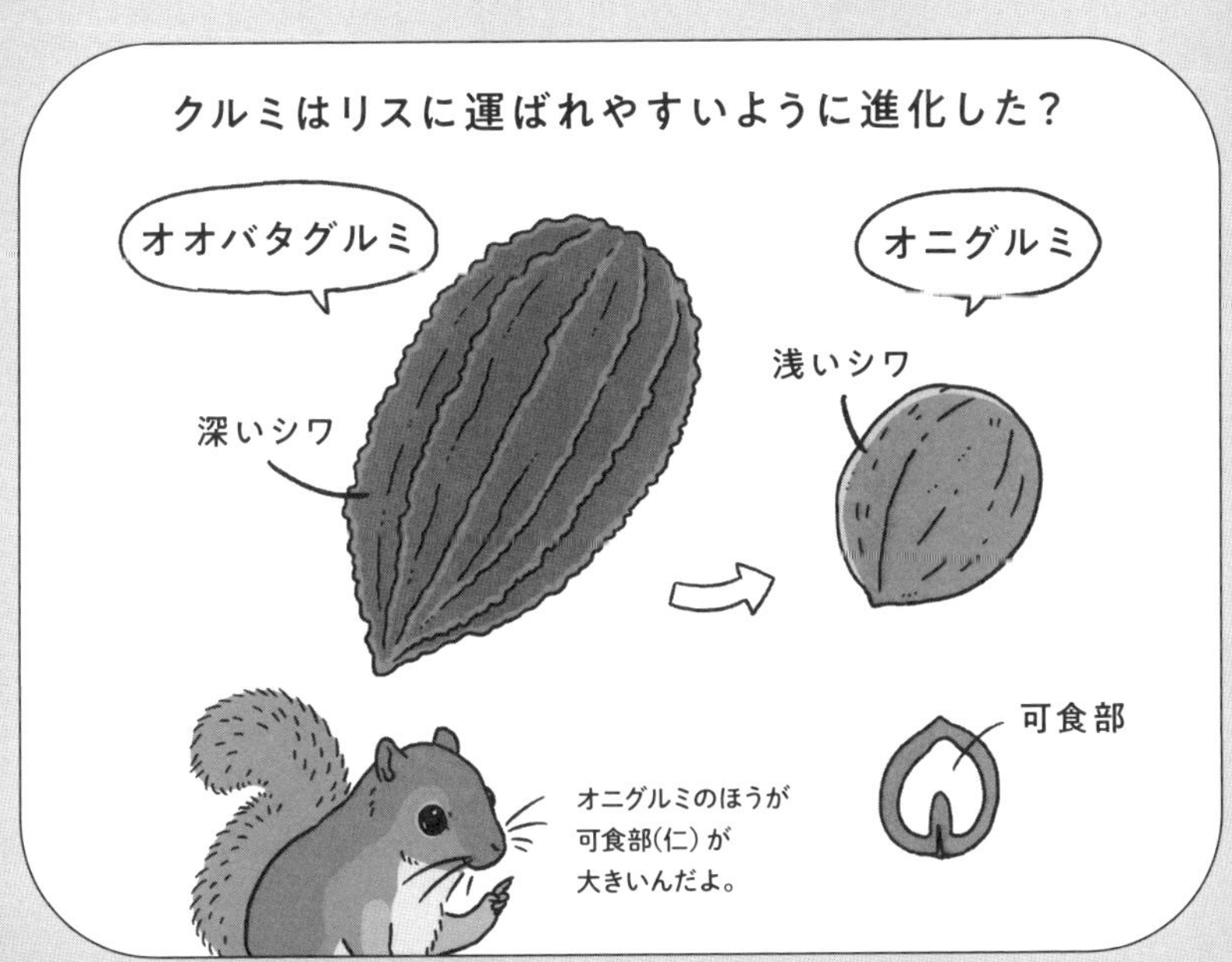
クルミはリスに運ばれやすいように進化した？
オオバタグルミ
オニグルミ
深いシワ
浅いシワ
可食部
オニグルミのほうが
可食部(仁)が
大きいんだよ。

コラム3

タネが出るまでの時間

動物が果実を食べてからタネをウンチとして出すまでの時間を、タネの体内滞留時間と呼びます。この滞留時間はタネが運ばれる距離を決める大切な数値です。これまで100種以上の動物で測定されており、体重が重くなるほど長くなります。体重と滞留時間の関係は動物のグループによって大きく異なります。鳥類では、体重の軽い種では短く、体重が増えるにつれ急に長くなります。哺乳類もほぼ同様ですが、体重増加に伴う変化はいくらかゆるやかです。一方、爬虫類や魚類では様子がだいぶ違っており、体重が軽い種でも非常に長い滞留時間をもちます。体重約11グラムの小鳥（メジロの1種）では滞留時間が20～30分であるのに対して、約8グラムのトカゲでは1～3日とたいへん長くなります。動物のグループによって食物を消化・吸収する仕組みが大きく異なり、それに応じて滞留時間も異なるのです。【吉川徹朗】

ヘクソカズラの果実を食べるメジロ。（写真：服部正道）

コラム 4

シカとシバ

シカ（ニホンジカ）は反芻(はんすう)動物です。反芻とは一度飲み込んだ食べ物を再び口の中に戻し、何度もかみ直して再び飲み込む行動です。何時間もかけて反芻を行うことで、食べた植物を数ミリメートル以下の大きさに細かくして、胃の中にすむ微生物が分解しやすくします。そのため、シカによって被食散布されるタネは、何度もかまれてもつぶれない丈夫さをもつ、小さなタネだけです。中でももっともシカと相性がいいのはシバ（ニホンシバ）です。シバのタネは皮が堅いため通常は10％ほどの発芽率ですが、シカの反芻に巻き込まれたタネは皮がやわらかくなり、皮が傷つくことで、発芽率は40％以上に上昇します。シバはシカがどれだけ食べても枯れることなく、どんどん生長し続けることができるため、シカにとっては食べてもなくならないありがたい食べ物です。一方、シバにとってシカはタネをあちらこちらにまいてくれることから、シカとシバはお互いなくてはならない存在といえます。【小池伸介】

シバを
食べるシカ。
（写真：
辻 大和）

南の島のオオコウモリ

コウモリといえば暗い洞窟にすみ、血を求めて夜の闇を飛びまわる気味の悪い姿をイメージする人も多いかと思います。しかし日本には、ほとんどの人が真逆の印象をもつであろうフルーツ・バットもすんでいます。ここでは多くの日本人にあまりなじみのない南の島に暮らすオオコウモリの種子散布について紹介します。

じつは日本にもすんでいるフルーツ・バット

日本には琉球列島のクビワオオコウモリと、小笠原諸島のオガサワラオオコウモリの2種のオオコウモリ類が生息しています。彼らは南方系の生き物なので、日本では亜熱帯に属するこの2地域でしか見ることができません。オオコウモリの仲間はいわゆるコウモリ（小型コウモリ類）とは見た目も暮らしぶりもずいぶん違います。彼らは洞窟を使うこともなければ、反響定位（＊1）も使いません。また小型コウモリ類は主に昆虫を食べますが、オオコウモリ類はフルーツ・バットとも呼ばれるように植物の花蜜や果実を食べます。体も本土でよく見る小型コウモリ類と比べてかなり大きく、英語ではフライング・フォックス（空飛ぶキツネ）と呼ばれています。特に日本のオオコウモリは分布の北限に位置するため、毛がもふもふでキツネとい

＊1　動物が超音波を発し、その反響によって物体までの距離や方向・サイズなどを知ることができる。エコーロケーションとも呼ばれる。

うより子犬やタヌキのようなかわいらしい顔立ちをしています。現在、オオコウモリの仲間は世界中で減少傾向にありますが、沖縄本島では比較的個体数が多く、集落のまわりや都市部でも姿を見ることができる沖縄の人々にとっては身近な生き物になっています。

熱帯の森では主役ともいえるコウモリ類

コウモリ類は世界中で約1400種が知られており、哺乳類の約5分の1を占める2番目に大きなグループです（＊2）。特に年間を通して花や果実がある熱帯には植物食のコウモリがたくさんすんでおり、質・量ともに熱帯を代表する生き物と言えるでしょう。果実を食べるコウモリは空を飛ぶためになるべく体重を軽く保つ必要があることから、果汁だけを飲み込みます。このとき、数ミリメートル程度の小さなタネは果汁とともに飲み込まれ、のちにウンチと一緒に排泄されることで、タネが数百メートル～数キロメートルほど運ばれることになります。一方で果汁が搾り取られた後の残りカスは口から吐き出されますが、このペリットにもたくさんのタネが含まれます（28ページ参照）。こうしてオオコウモリはウンチやペリットを介して熱帯の森のあちこちにタネをまくわけですが、それらの植物の中には私たちがよく知っているマンゴーやグァバ、ライチといった、人の暮らしとも関係の深い熱帯の果樹も多く含まれます。

空を飛ぶことのできる唯一の哺乳類

コウモリの最大の特徴は唯一の飛翔性哺乳類ということです。鳥類やコウモリ類などの飛翔

＊2 世界にはおよそ6500種の哺乳類がいるとされているが、一番種数が多いのはネズミの仲間で約2300種が知られる。ちなみに日本の陸棲哺乳類およそ100種のうち、コウモリの仲間は35種でもっとも大きなグループ。

オオコウモリ

性動物は、ほかの動物が到達できないような遠く離れた森や島にタネを運ぶことができます。インドネシアのクラカタウ島は1883年の大噴火によって動植物が絶滅しましたが、その後、鳥類やコウモリ類が数十キロメートル以上離れた陸地から海を越えてタネを運び込んだことで、再び植物が生育するようになりました。沖縄のクビワオオコウモリも食べ物を求めて頻繁に島々の間を飛びまわっていることから、クビワオオコウモリによる送粉（＊3）や種子散布が遠く離れた島の生態系をつないでいることがうかがえます。

鳥とコウモリの違い：小さな島の大きなコウモリ

では、生態系におけるコウモリと鳥類の役割の違いは何でしょうか？　それは歯をもっていることが関係します。哺乳類であるコウモリは歯をもっているので、鳥が食べられないような大きな果実をかじって食べることができます。特にオオコウモリは大きな果実を食べる際に果実をくわえて数メートル〜数百メートルほど離れた木（＊4）に移動して食べる習性があります。また島は元来環境収容力（＊5）が低いことから、コウモリが島の唯一の哺乳類になっている事例も多く見られます。つまりマンゴーのような大きく、重い果実を運ぶことができる力持ちの哺乳類はオオコウモリしかいないというような特殊な状況が島では起こりやすいのです。まさに「鳥なき里のコウモリ」ならぬ「獣なき島のコウモリ」でしょうか？

イチジクの木とオオコウモリ

＊3　動物が花の蜜などを食べることによって植物の花粉を運び受粉を助ける現象。花粉媒介とも言う。

＊4　コウモリ類が見つけた餌を親木から運んでそれを食べるために一時的に使う場所、採餌ねぐらとも呼ばれる。

＊5　ある環境において継続的に存在できる生物の最大量を示す。島は面積が限られていることからすむことのできる動物が少ないため、大型の動物が欠如していることが多い。

イチジクの仲間（＊6）は熱帯の植物を語る上で外せない植物ですが、イチジクの木の中にはほかの植物に巻きついて殺してしまう絞め殺し植物と呼ばれる種がいます。このような半着生型のイチジクは、ホスト（宿主）となる木の上でタネが発芽する必要があるため、樹上からの種子散布が求められます。したがって、サイチョウの仲間や樹上性のビントロングのような動物たちも種子散布者となりますが、これらの動物のいない亜熱帯の森や、海にポツンと浮かぶ小さな島ではオオコウモリが唯一の散布者になり得るのです。

キーストーン種（＊7）としてのオオコウモリと機能的絶滅

現在、オオコウモリ類の多くは生息地の破壊や違法なハンティングによってほぼすべての種がレッドリスト（＊8）に掲載されています。これらの種が絶滅してしまうと、送粉や種子散布をコウモリに依存している植物種もうまく繁殖できずに、連鎖的に絶滅の道をたどることになります。ところが実際には、さらに状況は悪く、オオコウモリが絶滅するよりも早い段階で、そのような現象が起きることがあります。これは機能的絶滅（または生態学的絶滅）と呼ばれます。オオコウモリの場合、果実を食べるために木に集まったコウモリ同士が頻繁に喧嘩をした結果、木から追い出された個体が親木から離れた場所にタネを運びます。しかし、喧嘩が起きない程度にまで数が減ってしまうと、親木の近くにしかタネがまかれなくなり、本来のオオコウモリがもつ種子散布という働きが生態系から失われてしまうのです。【中本 敦】

＊6　一年中どこかの木が実をつけることから、キーストーン資源とも呼ばれ、熱帯にすむ多くの動物にとって重要な餌資源になっている。

＊7　比較的少ない生物量でありながらも、生態系へ大きな影響を与える生物種のことを示す。

＊8　国際自然保護連合(IUCN)が作成した絶滅のおそれのある野生生物の種のリスト。日本では環境省や都道府県が作成したものもある。

小さいタネ
ガジュマルなど
小さいタネは
ウンチと一緒に
遠くで排泄。
大きい果実
フクギなど
大きい果実は
近くの木まで運び、
ペリットとして
落とす。

島々をつなぐ
移動能力が高い
オオコウモリたちは
ほかの動物たちが到達できないような
遠く離れた島にもタネを運ぶ。
クビワオオコウモリ
大きな果実でも
持ち運ぶことができる。
かみくだいて果汁を吸い、
残りは捨てる。
タネ入り
ペッ

哺乳類にくっつくタネ

秋に草むらに入ったことがある人は、衣服に大量のタネが付着した経験があるでしょう。あるいは、散歩から帰ってきたイヌが、タネまみれになっていたことはありませんか。このように動物にくっついてタネが運ばれることを、付着散布といいます。日本で見られる付着散布を行う植物は、その大半が公園など私たちの身近なところに生育しています。付着散布は私たちにとってもっとも身近な種子散布といえますが、一方でその全貌はよくわかっていません。

くっつくためのタネの特徴

付着散布によって運ばれるタネは、動物にくっつくための特別なつくりをしています。たとえば、オナモミやイノコヅチはタネの表面に鉤(かぎ)やトゲ状の構造をもち、チヂミザサやメナモミはタネからべたつく物質を出します。こうした特別なつくりによって、タネはしっかりと動物の体にくっつくことができます。

タネを動物にくっつけるための特徴は、タネ以外の器官にも見られます。付着散布を行うのはほとんどが草本ですが、背が高く生長し、花序（＊1）が長く伸びる種が多いです。長く伸びた茎や花序によって動物とタネが接触するチャンスが増え、より効果的にタネをくっつけるこ

＊1　花が枝先につく構造をしているときの、その茎の部分を示す。

とができるのかもしれません。

タネが植物に実っている期間にも特徴があります。付着散布を行う植物は、タネが茎についている時間が非常に長いです。付着散布を行う植物の多くは、秋にタネを実らせます。そして、冬になり植物が枯れても植物本体は立った状態でとどまります。タネも落ちることなく、翌年の春まで残っていることもあります。付着散布以外の動物に運ばれるタネは、栄養が豊富な果肉や甘い香り、派手な色彩で動物をひきつけますが、付着散布を行う植物は動物を引き寄せることはないため、長い期間、枯れた茎にタネを残すことで動物にくっつく機会を増やしていると考えられます。

どの動物がより多くのタネをくっつけて運ぶか？

動物にタネが付着する現象自体は広く知られていながら、付着散布においてどの動物が、どの植物のタネを運んでいるのかは未解明です。ある程度決まった動物種がタネを運ぶ被食散布と違って、付着散布では運び屋として決まった相手がいるわけではなく、毛や羽毛をもつ哺乳類や鳥類であれば多くの種が散布者として働くと考えられています。

コロンビアの熱帯雨林での観察によると、草本性タケ類*Pharus virescens*のタネを哺乳類26種、鳥類12種が運んでいることがわかっています。このように、ほかの付着散布を行う植物のタネも、多くの動物種が散布に関わっていると考えられます。

では、タネを散布する働きは動物種の違いによりどのように異なるのでしょうか。これまでに、哺乳類の種によって、一度に付着するタネの数に違いがあることがわかっています。たとえば、ヨーロッパの森で行われた調査では、体に付着して運ばれるタネの数はノロジカやアカシカよりイノシシで多いそうです。こうした種による違いは、さまざまな要因によって生じています。

たとえば、日本の中型哺乳類6種（タヌキ、アカギツネ、ニホンイタチ、ニホンアナグマ、ハクビシン、アライグマ）では、体毛の長さや体高の違いによって付着するタネの数が異なります。ほかにも、体毛の密度や生える角度などの要素もタネの付着のしやすさに影響します。さらに、同じ動物種でも、雌雄や年齢によっても傾向が異なります。たとえばバイソンでは、性別や年齢によって生活する環境が異なるため、付着するタネの種構成が異なります。

くっついたタネのゆくえ

動物にくっついたタネは、どのくらい遠くまで運ばれるのでしょうか？　タネがくっついた動物を追跡して観察することは難しいため、付着したタネがいつ、どこで落下するかはあまり明らかになっていません。これまでにわかっていることは、タネが動物にくっついている時間がタネの形や重さ、動物や行動の種類に左右されるだろうということです。ロバ、ヤギ、アカシカにタネを付着させて追跡した事例では、木や柵の近くに多くのタネが落ちており、自ら体をこすりつけてタネを脱落させたと考えられています。くっついたタネの多くは数時間以内に脱落しますが、長いときは数か月も付着したままのこともあります。ある事例では、出発地から約400キロメートル離れた放牧地までヒツジが移動する間、シロツメクサの仲間であるトガリバツメクサのタネの約50％がヒツジにくっついたまま移動していました。

植物の視点からは、散布されたタネが無事に発芽・生長することが重要です。しかし、動物にくっついたタネのゆくえに関する報告はまだ少なく、どの動物がどの植物のタネを効果的に散布しているのかはわかっていません。

動物にくっついて長旅をするタネ

動物にくっついてタネが運ばれることで、植物にどんな良いことがあるのでしょうか？　さまざまな種子散布の様式の中でも、付着散布は長い距離をタネが運ばれる可能性が高いといわれています。被食散布で運ばれるタネは、体内滞留時間が散布されるまでのタイムリミットになっています。一方で、付着散布ではタネが落下するまでの時間に明確なタイムリミットがないため、長い距離をタネが運ばれる確率がほかの散布様式よりも高いかもしれません。タネは遠くに運ばれることで、新しい生息地に定着できる可能性も高まります。前述したように、タネがくっついた後に動物が気づいて除去しなければ、数百キロメートルもの長い距離を移動できる可能性があります。海鳥にくっついたタネが海を渡り、島を移動していたことも知られています（62ページ参照）。また、渡り鳥にくっついたタネは、大陸間すら移動しているかもしれません（92ページ参照）。【佐藤華音】

コラム5

毒に耐性のある運び屋

植物の中には、身を守るために強い毒をもつものがあります。シキミという樹木はそうした植物のひとつで、葉や果実やタネに猛毒の神経毒アニサチンを含んでいます。星形の果実は秋に成熟すると、パチンと弾けてタネが飛び出す仕組みを備えています。このような特徴から、動物によって運ばれているとは、とても思えませんでした。

しかし、森に生育しているシキミを詳しく調査してみると、意外なことがわかりました。ヤマガラという鳥やヒメネズミやアカネズミといったネズミ類がタネを運んでいたのです。これらの動物はタネを土の中などに貯えて、後に一部を取り出して食べる貯食という習性をもち、その過程でタネの運び屋となります。これらの動物はアニサチンに耐性があるとみられ、シキミのタネも食べて運んでいたのです。【吉川徹朗】

シキミの果実。

コラム6

丸飲みする鳥、大歓迎！

日本に約50種が分布するサトイモ科テンナンショウ属は全草に不溶性のシュウ酸カルシウムの針状結晶を含む有毒植物です。夏から秋にかけて、粒状の果実が熟すと赤いトウモロコシのように見えることから、まれに人間が誤食し、中毒を起こすこともあります。石川県でテンナンショウ属の一種カントウマムシグサの果実を自動撮影カメラで観察したところ、夏鳥のコマドリやマミジロ、冬鳥のシロハラやジョウビタキ、留鳥のヒヨドリ、トラツグミ、ヤマドリなど、さまざまな鳥たちが果実を食べていました。ヒヨドリやシロハラが排泄したタネをまくと発芽することから、鳥たちは種子散布に貢献しているようです。

一方、ニホンザルやニホンテン、ツキノワグマなどの哺乳類は果実に見向きもしませんでした。テンナンショウ属の果実や種子に含まれるシュウ酸カルシウムは、採食時にタネをかみ砕くこともある哺乳類により果実を食べられないようにする仕組みなのかもしれません。【北村俊平】

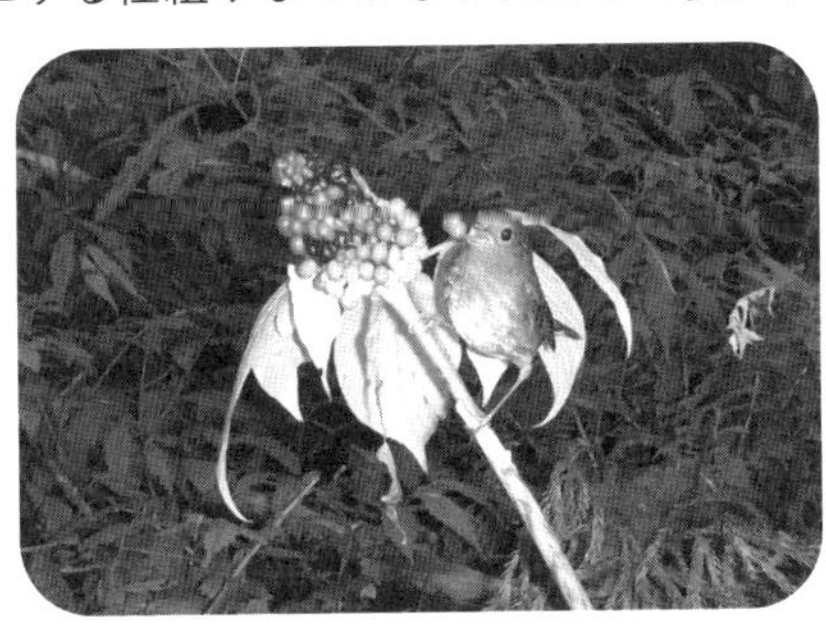

秋にカントウマムシグサの果実を採食するコマドリの雄。

コラム7

毒があっても魅力的！

ヨウシュヤマゴボウは北米原産の外来種で、空き地や線路沿いなどに生育する多年生草本です。秋になると茎や果柄が赤紫に染まり、黒々と熟したブドウのような果実が遠くからでも目立ちます。1個体あたり数百から数千の小さな果実（9×8ミリメートル）が実り、果肉は甘く（糖度15%）、1個の果実には約10個の小さなタネ（3×2ミリメートル）が入っています。秋から冬にかけての数か月間にわたり、たくさんの果実が利用できることから、果実を食べる動物たちには魅力的な植物です。根茎から種子まで全草にアルカロイドやサポニンなどの有毒物質を含みますが、果肉にはあまり有毒物質は含まれていないようです。ヒヨドリ、ムクドリ、オナガ、ハシブトガラス、キジバトなどが果実を食べますが、もだえ苦しむ様子はありません。ヒヨドリやハシブトガラスは果肉を消化し、タネを傷つけることなくまきます。一方、有毒なタネごと消化しているキジバトがどのように解毒しているのかは未解明です。

【北村俊平】

熟したヨウシュヤマゴボウの果実。

タネまく
鳥類

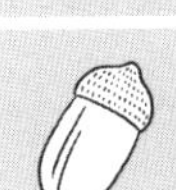

昔から種子散布といえば鳥類。しかも森や街角で果実をついばむ鳥類だけでなく、水面を泳ぐ水鳥、大海原を渡る海鳥、全球規模で移動する渡り鳥もタネをまくことがわかってきました。被食散布では、哺乳類のように一度にたくさんのタネは運べませんが、小まめにタネまきをしてくれます。さらに、渡り鳥による付着散布は、世界トップクラスの長距離のタネ運びです。やっぱり鳥の種子散布はすごいです。

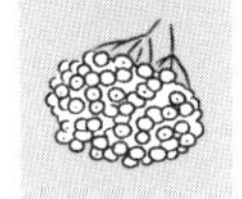

魚を食べる海鳥もタネを運んでいる？

海鳥は魚介類を食べ、種によっては海面に浮かんだまま眠るほど、海上生活に適応した鳥たちです。種子散布とは縁遠いように思える彼らですが、繁殖のときだけは例外なく陸に降り立ちます。まだまだ調査は進んでいませんが、繁殖地では種子散布者として大きな影響力をもっているかもしれません。

絶海の孤島・南硫黄島に侵入した外来のひっつき虫

東京から南へ約1000キロメートルの海域に点在する島々、小笠原諸島（＊1）。誕生以来大陸と陸続きになったことがなく、こうした島は海洋島と呼ばれています。生物は独自の進化を遂げ、世界自然遺産にも登録されていますが、他方、海洋島は外来種に対して脆弱であることが知られ、小笠原の自然にとって最大の脅威もまた種々の外来種問題です。

その中で、地形が急峻でこれまで人が定住したことがない南硫黄島は、本当の手つかずの自然が残ると考えられる貴重な場所です。人の立入が厳しく制限されているこの島で、2007年、25年ぶりの本格的な科学調査が行われました。その際、前回の調査では確認されなかったシンクリノイガという外来植物が発見されたのです。

＊1　小笠原諸島で現在民間人が住んでいるのは父島と母島のみ。また父島と硫黄島、南鳥島には自衛隊などが常駐しているが、ほかの島はすべて無人島。

シンクリノイガは、父島や母島ではよく見られる道ばたの雑草で、タネは鋭いトゲにおおわれ、そのトゲで服にくっついてくる、いわゆるひっつき虫です。人や荷物に付着して侵入したのだろうと考えられますが、ほとんど人が上陸していないはずの南硫黄島には、どうやって侵入したのでしょうか？

シンクリノイガを南硫黄島に持ち込んだ犯人は？

シンクリノイガがどうやって南硫黄島に運ばれたのか、本当のところは誰にもわかりません。ただ、シンクリノイガが得意なことは、どう見ても動物の体にくっつくことです。断崖絶壁に囲まれた南硫黄島に自由に出入りできる動物といえば、そう、鳥です（＊2）。

人の影響をほとんど受けていない南硫黄島は、海鳥にとって格好の繁殖地。数十万つがい以上が繁殖していると推定されています。もちろん鳥は海鳥だけではありませんが、海鳥は集団で繁殖するため、場合によっては足の踏み場もないほど高密度に巣をつくります。また枝と枝を軽やかに飛び交う小鳥たちと違って、繁殖地の海鳥は地面を歩きまわります。海鳥は比較的体の大きいものが多く、草むらを歩きまわれば、シンクリノイガが羽毛にくっついてしまうことは十分考えられます。

海鳥にはやっぱりタネが付着していた！

これまでに海鳥が種子散布者として注目されたことはほとんどありません。本当に海鳥がタ

＊2　空を飛んで海を越えることができる動物は、ほかにオガサワラオオコウモリもいる。ただ、南硫黄島はもっとも近い硫黄島からも50キロメートル以上離れており、南硫黄島の個体が頻繁に島間移動をしているとは考えにくいこと、また南硫黄島で生息しているオガサワラオオコウモリは100〜300個体程度と推定されており海鳥に比べて圧倒的に少ないことから、オガサワラオオコウモリが南硫黄島にシンクリノイガを持ち込んだ可能性は低いと考えられる。ただオオコウモリは果実を食べるコウモリで、近距離では重要な種子散布者だ（48ページ参照）。

海鳥

ネを運ぶのか確かめるため、繁殖地の無人島に上陸し、海鳥を捕獲して、羽毛に植物のタネが付着しているかを調べました。対象にしたのは、小笠原で繁殖するクロアシアホウドリ、オナガミズナギドリ、アナドリ、カツオドリの4種の海鳥です。

調査の結果、捕獲したどの海鳥にも、およそ15〜30％の個体には何らかの植物のタネが付着していました。その中には、しっかりとシンクリノイガのタネが絡みついた海鳥もみつかりました。

海鳥にくっついていたのはひっつき虫だけではなかった

海鳥の体からみつかったのは、シンクリノイガを含む9種の植物です。特に数が多かったのは、シンクリノイガ、ムラサキヒゲシバ、ナハカノコソウ、カタバミ、イヌホオズキです。シンクリノイガとムラサキヒゲシバは、タネにトゲなどのくっつきやすい構造をもっています。またナハカノコソウは、タネがねばねばしている粘着型の付着散布を行う植物です。こうした植物のタネが海鳥に多数付着していたのは、納得の結果です。しかし、そうでない植物もみつかりました。

カタバミは日本中どこにでも生えている雑草で、熟した果実に触れると中からタネが飛び出してきます。1・4ミリメートルほどの小さなタネは、海鳥が通りかかったときに果実から飛び出して、そのまま羽毛の中に入り込んだと考えられます。

イヌホオズキは果肉のある1センチメートル弱の黒い果実をつけ、一般的には鳥に食べられてタネが散布されると考えられる植物です。海鳥の羽毛からは、果実の中に入っている1・3ミリメートルほどのタネだけがみつかりました。海鳥の体で果実が押しつぶされ、果肉が粘着物質として働いてタネが羽毛に付着したのかもしれません。

ほかには、風散布に適していると考えられるタネもみつかりました。植物にとって散布方法が1種類である必要はありません。さまざまな方法で散布されたほうが、さまざまな環境にタネがまかれる可能性が高まると考えられます。

種子散布者としての海鳥の光と影

シンクリノイガやムラサキヒゲシバは、小笠原では外来植物だと考えられています（＊3）。小笠原諸島で現在人が住んでいる島は限られていますが、海鳥がタネを散布するということは、海鳥の行動圏内に外来植物が入ってしまったら、南硫黄島のシンクリノイガのようにほとんど人の影響を受けていない無人島にも一気に拡散してしまう危険性があることを示しています。

一方で、海鳥が散布するのはもちろん外来植物だけではありません。小笠原に人が住み始めるはるか昔から、おそらく島々が誕生した直後から海鳥は小笠原で繁殖を始めたと考えられます。これまで小笠原諸島内の島間の種子散布の話をしてきましたが、永い年月の間には、小笠原諸島の外から海鳥がタネを運んでくることもあったでしょう。大陸から遠く離れた太平洋上に誕生した小笠原諸島に最初の植物をもたらしたのは、もしかしたら海鳥だったかもしれません。【青山夕貴子】

＊3　ナハカノコソウは、文献によって在来植物とされている場合もある。外来植物とは、意図的／非意図的に関わらず、本来の生息地ではないところに人が持ち込んだ植物のことだが、その植物がもともとそこに生えていたのか、昔人が持ち込んだ植物なのかを正確に知ることは、じつはとても困難だ。また、南硫黄島にシンクリノイガを持ち込んだのが海鳥だとしても、そもそも人が小笠原諸島のどこかにシンクリノイガを持ち込まなければ海鳥が南硫黄島に持ち込んでしまうこともなかったので、小笠原諸島全体でシンクリノイガは外来植物として扱われる。

カタバミの
タネ
クロアシアホウドリ
海鳥の体には意外にもたくさんの植物のタネが付着している。
シンクリノイガ
のタネ
アナドリ

できたばかりの島でも
海鳥たちによって
タネが運び込まれ、
さまざまな
植物が芽生える。

カケスを追いかける

森の中を歩いていると、森の中をふわふわと飛んでいる鳥を見ることがあります。時折、「ギャーギャー」と鳴き声も聞こえてきます。カケスです。カケスはカラスの仲間ですが体の色は黒色ではありません。全体的に淡い褐色で、翼にはとても美しい青色の模様があります。この美しい羽は森の中を歩いていると地面に落ちているのを見かけることもあります。体の大きさもカラスより小さく、街中で見かけるドバトと同じくらいです。虹彩は白くて顔立ちはどことなくクールな印象のカケスですが、どのようにしてタネを運ぶのでしょうか。

ドングリを運ぶカシ鳥

カケスがドングリを運ぶことは昔から知られています。「カシ鳥」という名称で呼ばれることもあるほど、カケスとドングリの関係には強いものがあります。カケスにとってドングリはとても重要な食べ物です。野ネズミと同じように、カケスも冬場の食べ物の少ない時期に備えてドングリを貯える行動（貯食行動）を取ります（34ページ参照）。落下したドングリだけではなく、樹上で実っているドングリをもぎ取って運び、貯えることもあります。

カケスは野ネズミのように穴を掘ってドングリを貯えるようなことはしません。落ち葉の下に嘴でドングリを押し込んで埋め込み、埋め込んだ後は枯葉やコケなどを被せてカムフラージュをします。後で食べるためにカケスは貯えるわけなので、そのすべてを食べたらカケスは種子散布者ではなくただの種子捕食者になってしまいます。しかし種子散布者として貢献しているのは、カケスがドングリを食べ残すからです。食べ残されたドングリの中から無事に発芽するものが現れ、樹木の更新や分布拡大へとつながります。

カケスを追いかけたい

カケスによるドングリの運搬を科学的に解明したい場合、どうしたらいいでしょうか。一番困るのが、カケスは鳥であること、つまり飛んで行ってしまうので追いかけにくいということです。見通しのよい環境であれば観察できそうですが、カケスは森の鳥。落葉樹林（＊1）であっても難しそうですが、照葉樹林（＊2）のような暗くうっそうとした森ではかなり難しいです。しかしここで諦めないのが研究者です。これまでどのような手法でカケスを追いかけ、何が明らかになったのでしょう。

ドングリの運び方

見通しの利く場所で餌台を設置し観察した例では、カケスは1回あたり平均4個のミズナラのドングリを運んでいました。カケスは喉に袋をもっていて、その喉袋にドングリを入れて運ぶことができるのです。1回に12個のドングリを運んだこともあるというのですから驚きです。

＊1　落葉樹は葉の寿命が1年未満のため秋には葉を落とし始め冬には葉がなくなる。ドングリを実らせる落葉樹にはミズナラやコナラがある。一方、常緑樹は葉の寿命が1年以上あり、冬でも葉を落とさずにつける。視界をさえぎる葉がなくなる落葉樹林では常緑樹林と比べると鳥を観察しやすい。

＊2　照葉樹は常緑広葉樹のうち温暖で降水量の多い地域に生育している樹木のこと。日本では主に西南日本に分布する。葉の表面にクチクラ層という膜状の層が発達していて葉に光沢があるので照葉樹と呼ばれる。葉が革のような質感で分厚く光を通しにくい特徴があるため、照葉樹林内は薄暗くなりがち。

餌台を設置して観察する手法を真似したことがあります。場所はツブラジイやイチイガシ、アラカシが生育する照葉樹林内です。結果は空振りに終わり、カケスは餌台には来ませんでした。先ほどの観察例では、ミズナラのドングリが凶作（11ページ参照）の時期に行って成功したものです。ドングリが豊作であれば、カケスはわざわざ餌台には来ません。イチイガシやアラカシは明瞭な豊凶がなく、また照葉樹林内にはモチノキなど秋から冬期に果実（液果）をつける樹種が比較的多く、カケスは食べ物に困ることがなく餌台に来なかったのかもしれません。カケスに限らず、野生動物の調査は一筋縄ではいきません。

どこまで運ぶのか

鳥類は飛翔能力が高いので、カケスもドングリを長距離運搬してくれるというイメージをもちます。日本での事例では、運搬距離が300メートル以内という記録があります。ヨーロッパに生息するカケスでは平均68・6メートル、最長で550メートルという記録です。野ネズミによる運搬距離と比較すると長距離運搬者として働いてくれているといえますが、大部分のドングリは100メートル以内に運搬されて貯食されると考えると、さほど長距離でもないと思ってしまいそうです。カケスにとってドングリは冬期の大事な食べ物なのであちこちに分散させて貯食するのですが、運搬には労力もかかります。被食散布と異なり貯食散布ではこの運搬にかかる労力（コスト）と回収によって得られる利益（ベネフィット）のバランスが運搬距離に影響してくるのです。そのほか、なわばりも運搬距離に影響します。カケスはなわばりをもち、ドングリはなわばり内に貯えられます。なわばりが狭いカケスは広いカケスよりも運搬距離が短くなってしまいます。

カケスは何を考えるのか

どのようにして運搬距離を計測したのかも気になるところです。使われるのは電波発信機です。電波発信機をカケスの背中につけたり、ドングリの中に埋め込んだりして、その電波を受信して運搬場所を特定します。カケスがドングリを運搬した場所は、いろいろな条件でのカケスの考えを反映しています。つまり、今自分自身はどこに居るのか（森の中なのか開けた場所なのか）、どのような場所にかくそうか（森に持って行きたい、開けた場所は嫌だ）、どこまで持って行こうか（今自分は開けた場所にいるが森までは遠くて運搬はたいへんだ）、というような意思決定により運搬先が決まります。カケスを追いかける技術が今後もっと発達し簡易になり、ドングリの運搬に関する報告が増えていくと、ドングリを目の前にしたカケスが何を考えているのかも知ることができそうです。【平田令子】

マツの分布拡大を支えるホシガラス

高山帯や亜高山帯に生息しているホシガラスは、マツ類のタネをよく食べ、貯食（貯蔵）をします。ホシガラスは貯食行動を通して、マツ類の分布拡大を支え、特に高山帯では生態系を維持する重要な役割を果たしています。

マツ類のタネを集める

ホシガラスは、夏には昆虫やクモ類などの動物性の食べ物も食べますが、ほぼ一年を通してマツ類のタネを食べています。ホシガラスが主に貯食の対象としているマツ類は、ハイマツやゴヨウマツ、チョウセンゴヨウなどです。これらのタネを夏から晩秋にかけて貯食し、冬から翌年の夏まで食べます。マツ類の少ない山域に生息するホシガラスは、ツノハシバミやブナ、ミズナラなどのタネを貯食しますが、その詳細はわかっていません。

ハイマツやゴヨウマツのタネが熟すと、ホシガラスはこれらのタネを貯食し始めます。貯食行動は早朝から夕方まで続きます。この時期はニホンリスもマツ類のタネを食べるため、異なる種間での競争が起こります。

ハイマツのタネを集めるときは枝から球果（＊1）を採り、安全な場所に移動して球果からタ

＊1　マツ科やスギ科樹木などの実のこと。

ネを取り出します。ハイマツはタネが熟すと離層（＊2）ができ、球果は枝から簡単に採ることができます。しかし、ハイマツはタネの成熟後も球果は裂開（＊3）しません。そのため、球果をつついて鱗片（＊4）をはがしてタネを取り出す必要があります。ゴヨウマツには離層ができないものの、タネが成熟すると球果は裂開します。ホシガラスは裂開した球果のすき間からタネを取り出します。ときには、ゴヨウマツの球果を枝から採り、タネを取り出す場合もあります。これらのタネを喉の袋にためて、貯食場所まで運びます。

どこに種子をかくしているのか

貯食場所に来たホシガラスは、地中や木の枝などにタネをかくします。地中にかくすときは、地下2~3センチメートルほどの場所に20粒程度を埋めます。針葉樹の林床、矮性低木（＊5）の群落、裸地部などによく貯食します。木の枝に貯食するときは、5粒ほどを枯れた部分にかくします。木の枝は一度にかくすことのできるタネの数は少ないのですが、積雪の影響を受けにくく、冬も貯食したタネを取り出せます。

地中や木の枝に貯食したタネは、ほかの動物に横取りされることがあります。ホシガラスが生息している場所で、マツ類のタネを食べ物にしている動物にはニホンリス（40ページ参照）とヒメネズミ（34ページ参照）がいます。哺乳類は嗅覚が発達しているため、ホシガラスがタネをかくしている場面を見ていなくても、タネのありかがわかるようです。これを確かめるため、針葉樹の林床で実験をしました。ゴヨウマツのタネを10粒ずつ10か所に埋めて、自動撮影カメラを

＊2 枝と球果が分離しやすくなる層のこと。

＊3 球果の鱗片が開くこと。鱗片が開くとタネが自然に落下したり、風に飛ばされたりすることがある。

＊4 球果の外側をおおうウロコのような形状のもののこと。

＊5 コケモモ、ガンコウラン、ミネズオウなどの樹高の低い木本のことを指す。

設置しました。数日後、自動撮影カメラを回収して画像を確認すると、ヒメネズミがタネを掘り返して持ち去るところが写っていました。ヒメネズミは林床を無作為に掘っているわけではなく、タネを埋めた場所だけを狙って掘っていました。ヒメネズミもタネを貯食しますが、地下深くに運ぶため、もしタネが発芽しても芽が地上に到達する可能性は低そうです。冬に亜高山帯に行くと、ニホンリスによって掘り返されたホシガラスの貯食場所がいくつも見つかります。十数センチメートルの積雪があっても、正確にゴヨウマツのタネのある場所を掘り当てていました。雪の上にはニホンリスの足跡があり、タネを食べた動物の正体がわかりました。

貯食したタネは雛にも与える

ホシガラスの巣作りは2月下旬から始まり、3月に産卵をします。生息地の亜高山帯はまだ雪の多い冬の風景です。雛を育てるには多くの食べ物が必要ですが、4月でも昆虫はほとんど活動をしていません。そこでホシガラスは、前年の夏から秋に貯食したマツ類のタネを雛に与えます。貯食していた季節に早朝から夕方まで連日、雨の日も貯食行動が見られたのは、自身が冬に食べる以外に、子育て用のタネも必要になるからです。

一般的に鳥類は、雛に与える食べ物が多く得られる時期に繁殖をします。ところが、ホシガラスは貯食したタネを雛の食べ物にしているため、そのような制約はないように思えます。ホシガラスが2月下旬から繁殖に入るのは、捕食者の少ない時期に子育てをしたいからなのかもしれません。

高山帯の生態系維持のために

ホシガラスは貯食したタネを食べますが、一部は回収されずに発芽します。発芽した場所がマツ類の生育に適した場所であれば、そこに定着することができます。ハイマツはタネの成熟後も球果は裂開しないため、誰かがタネを取り出さないと球果から出られません。何らかの理由で偶然、タネが地面に落ちても、ヒメネズミに持ち去られます。ホシガラスはハイマツのタネを、亜高山帯だけではなく高山帯にも貯食することから、ハイマツのタネによる分布の拡大にはホシガラスの貯食行動が強く関わっています。ハイマツは高山帯の生態系にはなくてはならないものです。ライチョウやカヤクグリといった鳥類はハイマツ帯に営巣しますし、ハイマツの林縁部には矮性低木や地衣類の群落がつくられることも少なくありません。

貯食後に回収されなかったタネはほとんどの場合、翌年にいっせいに発芽します。それらは束生(そくせい)（＊6）しているため、ホシガラスが貯食したものとわかります。登山道を歩いているとき、束生したマツ類の芽生えや稚樹を目にしたら、ホシガラスとマツ類の関係を思い出してみてください。ホシガラスによって遠くから運ばれてきたのかもしれません。ホシガラスに回収されず、ニホンリスやヒメネズミにも見つからずに残った運のよい個体です。数十年後、百数十年後には球果をつけ、そのタネは多くの動物に食べられることでしょう。【西 教生】

＊6　複数の個体が集まり、束のように生えている状態のものを指す。

マツ類のタネをよく食べ、
貯食するホシガラスは、
高山帯の生態系を
維持する
重要な動物のひとつ。
ガーガー
（ホシガラスの鳴き声）
ホシガラス
ハイマツの
球果をむしって
せっせと
タネを取り出す。
ハイマツの
球果

いろいろな場所にマツ類のタネをかくす

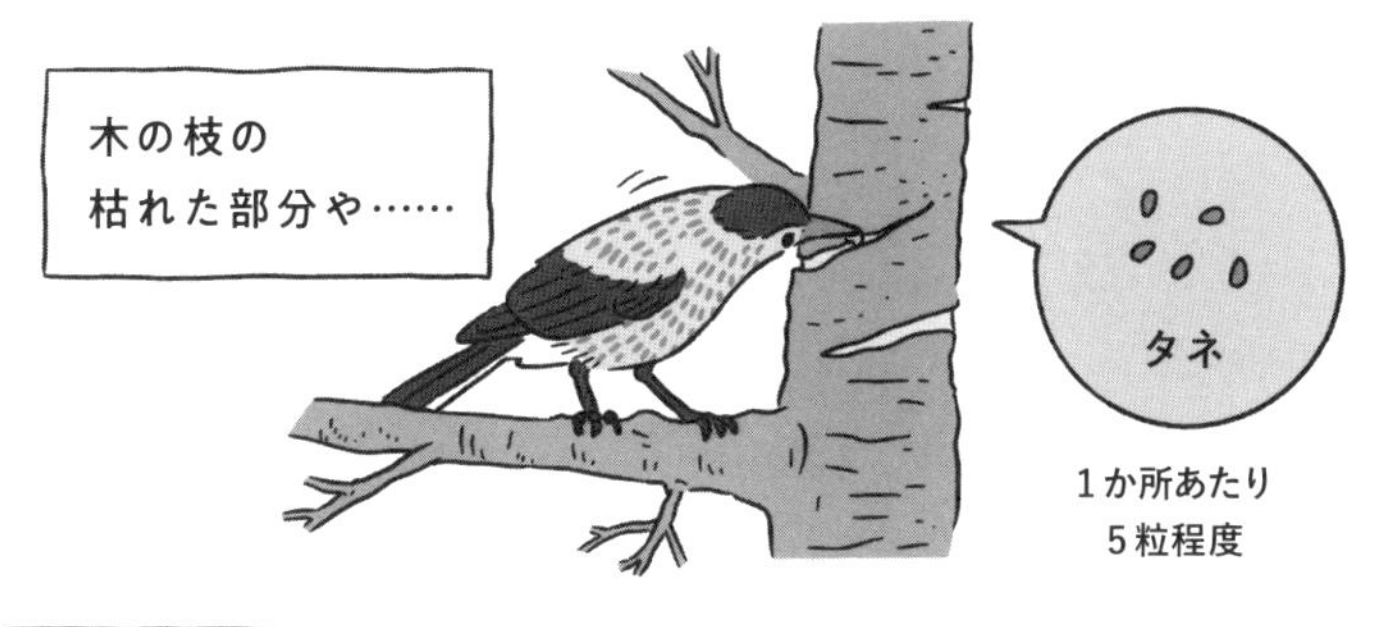

木の枝の
枯れた部分や……
タネ
1か所あたり
5粒程度

かくしたタネの一部は
ニホンリスやヒメネズミに
見つかり、
食べられてしまうが……

見つからなかったタネは翌年、
いっせいに発芽する。

まとめて
貯食されるので、
束のように
生えてくる。

コラム8

肉食鳥類の種子散布

スペインのカナリア諸島では、肉食のミナミオオモズとチョウゲンボウがたくさん種子散布していることが知られています。肉食なのに、なぜそんなことが起きているのでしょうか？　これは、島にたくさんいる果実を食べるトカゲを主食とし、それらのウンチをすることで二次的に種子散布しているためです。78種ものタネがこのような形で散布されています。果実を食べたトカゲをさらに食べるので、タネの散布距離はトカゲが移動した距離に、トカゲを捕食した動物の移動した距離が加わります。さらに、捕食した動物は餌の動物よりも大きく、行動圏も広いので、タネの散布距離は大きく増加します。ガラパゴス諸島では、同じように肉食のフクロウが島から別の島への長距離の種子散布を行っている可能性が指摘されています。最近では、日本にも生息するアオサギが果実を食べる小型哺乳類などを食べ、二次的に種子散布していることが報告されました。肉食性の鳥類による種子散布は、思ったより多く起こっているのかもしれません。【直江将司】

コラム9

魚類の種子散布

中南米では、淡水魚による種子散布が多く報告されています。69魚種が82科566種の植物の果実やタネを食べていて、少なくとも234種のタネは健全な状態で散布されるようです。魚による種子散布の多くは、川の氾濫(はんらん)で季節的に地面が水に沈む熱帯林やサバンナに入り込んだ魚が果実を食べることで発生します。植物も魚による種子散布に適応しており、川の氾濫時期に実ること、水に浮かぶ液果を実らせることなどが知られています。鳥類や哺乳類と同様に、果実を食べる魚類でもタネが腸を通過することで、タネの発芽率は上昇します。また大型の魚はより大きなタネを散布し、多くのタネを長距離に散布します。魚類による種子散布は鳥類や哺乳類による種子散布よりも先に進化した可能性があります。魚が果実を食べる現象は日本に生息するコイなどでも報告があり、魚の種子散布は意外といろいろな地域で起こっているようです。【直江将司】

日本中でタネをまくヒヨドリ

「ヒィーヨ、ヒィーヨ」とよく響く鳴き声のヒヨドリは日本国内に留鳥（＊1）として生息し、個体数が多い鳥の代表です。春には花や蜜、夏には昆虫などの小動物を食べる姿も見かけますが、熟した果実が大好物です。柑橘類の害鳥として問題視されることもありますが、ヒヨドリは日本中でタネをまく鳥として、大きな影響力がある鳥です。

＊1 留鳥は一年を通して同じ地域に生息する鳥を指す。日本では、一年中見られる鳥だが、秋に南下し、春に北上する個体もいる。

食べる果実の種数はナンバーワン

採食時に手や歯を使えない鳥類は基本的に果実を丸飲みして食べます。そのため、効率よく食べられる果実の大きさは、口の大きさ（幅）で決まります。ヒヨドリの口の大きさは14ミリメートルで、日本の森で実る果実のほとんどを丸飲みすることができます（＊2）。日本の主な果実を食べる鳥類14種が食べる果実270種を調べた報告によると、ヒヨドリがもっとも多い210種を食べており、ヒヨドリの次に多いキジの119種やツグミの117種を大きく引き離しています。これら3種の鳥は日本全国で見られますが、ヒヨドリが林冠から林床まで幅広い階層の果実を食べるのに対し、キジは主に地表で採食します。ツグミは秋から春にかけて日本にやってくる冬鳥なので夏に実る果実を食べることはできません。また、ヒヨドリはホバリ

＊2 日本の森林で主に鳥類が食べる果実185種のうち、ヒヨドリの口幅サイズの14ミリメートルより果実の短径が長いもの、すなわちヒヨドリが丸飲みすることが難しい果実は3種しかない。

ング（＊3）することで、体重が重い鳥にはアクセスが難しい枝先に実る果実を空中で採ることもできます。

ヒヨドリはヤマザクラ、ミズキ、ムラサキシキブなど、カラフルでみずみずしい果実だけではなく、ハゼノキやナンキンハゼなど、地味な色合いで水分が少ない果実も食べます。ただし、ドングリなど、タネの周囲に果肉がない果実は食べない点で、カケスやカラス類とは好みが異なります。より狭い範囲に限定してもヒヨドリは53種から84種の果実を食べており（＊4）、ヒヨドリの果実好きがうかがえます。日本全国から数ヘクタール規模まで、いずれの空間スケールでも、ヒヨドリは同所的に生息する鳥類の中でもっとも多種多様な果実を食べる鳥です。

＊3　羽ばたいて空中に止まるような飛び方のことで、枝先の果実や虫を捕えたり、花の蜜を吸う際に見られる。

＊4　神奈川県で77種、茨城県つくば市で84種、筑波大学キャンパスで53種、宮崎県綾町で57種、韓国の済州島で82種が記録されている。

地表近くの果実も食べる

動物にタネを運ばせる植物の視点からは、果実を食べるのがたくさんのタネを運ぶ動物かどうかも重要なポイントです。ヒヨドリはヤマモモ、アコウ、ヤマザクラ、カスミザクラ、ミズキなど、林冠に到達する高木の果実も食べますが、ヤマモモやアコウではニホンザル、サクラ類やミズキではメジロやアカゲラなど、ヒヨドリ以外の動物も果実を食べてタネをまきます。そのため、これらの樹種では、必ずしもヒヨドリがタネをまく主要な動物とは限りません。タネをまく鳥としてのヒヨドリの真価が発揮されるのは、林床で実る低木や草本の果実です。

日本海側の春の林床を彩るヒメアオキの赤い果実、初夏に実る赤や橙色のキイチゴ類などに自動撮影カメラを設置してみると、たいていヒヨドリが真っ先に撮影されます。動物が食べた果実のうちヒヨドリが占める割合は、ヒメアオキで80％、クマイチゴで78％、モミジイチゴで60％といずれも高い値です。ヒメアオキでは、南から北へ渡り途中のヒヨドリの個体数が急増した時期に果実が短期間で食べつくされており、春の貴重な食べ物になっています。一方、林冠から林床まで、さまざまな果実が熟す秋には、カラタチバナ、ヤブコウジ、ヤブランなど、地表近くで数個の果実が実る植物にやってくる動物はほとんどいません。冬になり森の中のほかの果実が食べつくされたころ、ヒヨドリやシロハラなどがやってきます。まったく食べられない年もありますが、これらの地表近くで果実をつける植物にとって、ヒヨドリは数少ないタネをまく鳥として活躍しています。

タネを運ぶ範囲は300メートル

ヒヨドリは果実を丸飲みした後、アオキやセンダンなど大きなタネは口から吐き戻しますが（28ページ参照）、ほとんどのタネはウンチとして排泄します。ヒヨドリの体内を通過した果実20種のタネをまくと、発芽率は20〜100％まで大きくばらつきましたが、全種が発芽しました。カラスバトのように体内でタネを破壊することはなく（100ページ参照）、ヒヨドリがまくタネには十分な発芽能力があります。それでは、ヒヨドリはどのくらいの範囲にタネをまいているのでしょうか。

ヒヨドリは果実を丸飲みしてから、10〜30分でタネを排出します。ヒヨドリの行動圏は1・3〜6・4ヘクタールで、タネを排出するまでに行動圏の端から端まで、直線距離にして

129〜286メートル（＊5）は十分に移動することができます。実際、石川県立大学キャンパス内で確認した事例でも、ヒヨドリが果実を食べてからタネをまいた場所までの距離は、トベラのタネが100〜250メートル、キカラスウリが270メートルで、行動圏からの推定値と大きな違いはありません。ヒヨドリはタネを300メートル弱は運ぶことができそうです。季節的に移動するヒヨドリの中には、より長い距離を移動して、タネをまく可能性がありますが、今のところ確実な証拠は得られていません。

＊5　行動圏を円で近似して、その直径を計算すると、1・3ヘクタールで直径129メートル、6・4ヘクタールで直径286メートルになる。

陸貝や昆虫の卵も運ぶヒヨドリ

ヒヨドリが運ぶのは、植物のタネだけではありません。ヒヨドリが捕食した小動物の中には、体内で消化されずに、生きたまま排泄されることがあります。陸貝の一種ノミガイでは、飼育下のヒヨドリが食べた55個体中9個体が消化管を通過後も生存していました。その結果、木来のノミガイの移動能力よりもはるか遠くまで運ばれる可能性があります。また、空を飛べない昆虫であるナナフシ類でも、ヒヨドリが捕食した際、ナナフシモドキ体内の卵が消化されずに排泄され、それらの卵から孵化（ふか）したことが実験的に示されています。ヒヨドリは植物のタネをまくだけではなく、移動能力の低い動物の分布域を広げることに貢献している可能性もあります。【北村俊平】

小さなメジロがつなぐ大きな輪

多くの人がその姿を一度は見たことがあるものの、よくウグイスと混同されるメジロ。じつはヒヨドリと並んで鳥の種子散布の代表選手です。都市から奥山まで広く分布し、いろいろな環境にすむことができる万能な小鳥ですが、なんと火山が噴火し有毒な火山ガスが渦巻く場所でも生活することができます。そしてそのような場所での森づくりの大切な担い手としても活躍しています。

選り好みするメジロ

メジロは英語で「ホワイトアイ（White-eye）」、学名で*Zosterops japonicus*といいます。*Zosterops*は目のまわりにある白い羽環を指します（*1）。春から初夏にかけて、山から低地の広葉樹林で繁殖し、秋になると、ほとんどの個体が低地に移動したり、日本の北から南へと渡り、比較的暖かい場所で冬を過ごします。繁殖期には、昆虫を多く食べ、秋から冬にかけては、主に果実を食べます。

なんでも食べ、どこでも暮らせるメジロですが、特定の地域でみると、決まった種の植物の果実を選んで食べることが知られています。たとえば中部地方では、メジロが好んで食べる果

*1　メジロに白目はない。目は黒く、虹彩は黄色とも褐色ともつかない色をしている。羽環はよく見ると完全な白い環ではなく、嘴に向かって黒い線も入っているので、よく見ると精悍な顔立ちをしている。

実はタラノキとカラスザンショウでした。その理由は、この2種の果実は止まった場所（枝）でたくさんの小さな果実を食べることができること、さらに果実に高い脂質が含まれていることが、メジロに選ばれる特徴でした。

メジロは日本を中心とした東アジアに分布していますが、外来種としても世界に分布を広げています。たとえば、日本人がハワイに持ち込んだメジロは、在来のハワイの鳥に比べて外来種植物（小さいタネをもつ植物が多い）のタネを多く散布しており、ハワイでの種子散布における動物と植物の関係を変えてしまうことが明らかになっています。

甘党のメジロ

みなさんはメジロの選り好みといえば、「甘いもの」を想像するのではないでしょうか？よく庭先に果実をおいてメジロを呼んでいる家庭も見られますね。メジロやヒヨドリの舌は、甘い果実や花の蜜を吸うのに適したブラシ状に細かく分かれています。特に、花粉を運んでくれる昆虫類がいなくなる寒い冬に咲くヤブツバキは、冬でも活動しているメジロに花の蜜を吸ってもらうことで花粉を運んでもらっています。ヤブツバキの大きな赤い花や、薄くて量の多い花の蜜は、鳥に花粉媒介される植物の特徴のひとつです（＊2）。蜜を舐めるときに、雄しべの先に顔が触れるので、顔が花粉まみれになります。そのまま、別の場所に咲いている木の花の蜜を舐めれば受粉完了です（＊3）。食べ物の少ない冬場に咲くヤブツバキとその花粉を運ぶメジロは、蜜を介した甘い関係にあるのです（＊4）。

＊2　ヤブツバキの花蜜は、糖度20％くらいの甘いジュースで、多いと100μL以上ある。

＊3　ヤブツバキは同じ個体の花の花粉がついても受精しない（タネが実らない）。つまり、ほかの木の花粉でないと受精ができない自家不和合性という性質がある。

＊4　ヤブツバキはさわやかないい香りがする。一方、ユキツバキは主にハエ目などの昆虫が訪花するが、ヤブツバキのように香らない。鳥によって受粉される植物は花の香りがほとんどないか、まったくないとされるが、一部の鳥は嗅覚を利用していることも明らかになっているため、ヤブツバキの花は、鳥にとって視覚的に目立つ赤だけでなく、その芳香も、メジロにとって意味があるものなのかもしれない。

三宅島の噴火と森林回復のカギとなるメジロ

伊豆諸島（*5）のひとつである三宅島は、2000年の大規模な噴火によって森の70%近くが破壊されました（*6）。しかし、ヤブツバキは噴火の影響の大きい場所でも生き残り、なおかつ、次世代に向けて花を咲かせていました。とはいえ、いくら花を咲かせていても花粉を運んでくれる鳥が来なければ、せっかく咲かせた花の意味がありません。

三宅島の中でも、噴火による影響が少ない場所では、たくさんヤブツバキが咲いており、メジロも目白押しでした。そこにいるメジロたちはあまり移動せず、ひたすらヤブツバキの花の蜜だけを吸っているので、ウンチは黄色いツバキの花粉のみが入った液体でした。さらに、花がたくさん咲いていても、メジロはすべての花をまわれないため、結果的に受粉される確率が下がり、果実が実る割合は高くありませんでした。さらに、嘴についていた花粉の遺伝子から花粉の移動距離を推定したところ、その距離も短かったです。

一方で、有毒な火山ガスが渦巻く場所にも、数は少ないもののメジロはちゃんと現れました。なぜ、メジロはわざわざやってきたのでしょうか？　それは、たくさんの花が咲いている場所では、特定の強い個体が同じ場所に長い間滞在し、花を独り占めします（*7）。そのため、弱い個体は危険と思われる、噴火の影響の大きい場所にも食べ物を探しに行かなくてはならなかったのです。ここでは花が少ないため、満腹になるためには移動せざるを得ません。そのため、メジロは同じ場所に長い間滞在することはありません。そして、メジロはツバキの花をく

*5　太平洋に南北に延びる全長550キロメートルの島々で、東京都に属する。

*6　2000年の三宅島の噴火は、初期は火山灰の影響を多く受けたが、長期にわたって放出された二酸化硫黄や硫化水素などの火山ガスが植生に大きなダメージを与えた。

*7　三宅島には伊豆諸島に一年中定住している留鳥のシチトウメジロという亜種と、冬に本州から渡ってくるメジロがいる。噴火による影響が少ない花がたくさん咲いている地域にシチトウメジロが多く生息しているかというと、そうでもなく、気が強い本州から渡ってくるメジロが長い間滞在していることもある。

まなくまわり、同時に花々はまんべんなく受粉されることで、果実が実る割合は、噴火による影響が少ない場所よりも高くなります。さらに、この場所ではメジロは広い範囲を移動し、花粉を遠くまで運ぶことで、タネの遺伝的多様性（＊8）を高める役割も果たしていました。

噴火の影響が大きい場所のメジロのウンチには、ヤブツバキの花粉だけでなく、昆虫やヒサカキのタネも含まれました。そこで、ヒサカキについても同様に調べてみると、やはりより噴火の影響が大きく、有毒な火山ガスが渦巻く場所のほうが、自然落下を除くと果実の持ち去られる割合が高く、効率的な種子散布が行われていることがわかりました。

特筆すべきは、噴火の影響が大きい場所の鳥のウンチの中には、その場所で結実を確認できなかった植物のタネも混ざっていました。つまり、ヤブツバキやヒサカキが噴火の影響が大きく、今でも有毒な火山ガスが渦巻く場所にメジロなどの鳥を誘引することで、噴火の影響が少なかった場所からの種子散布を促進していたのです。

メジロの花粉媒介によって結実したヤブツバキのタネは、アカネズミに食べられ、種子散布されることがわかっています（34ページ参照）。アカネズミは、三宅島の植生が回復すると同時にその分布も回復しています。噴火に耐性のあるヤブツバキの花粉媒介者であり、ヒサカキの種子散布者である小さなメジロがつないでいく関係。それが、三宅島の森の回復に大きな役割を果たしていたなんて、すごいですね。【阿部晴恵】

＊8　同じ種の個体がさまざまな遺伝子をもっている状態。ある種の集団内にさまざまな遺伝子型の個体がいるほうが、さまざまな環境の変化に対して多様な反応を示すことができる。

たくさんのタネをより遠くへ運ぶ

カラスは、私たちの身近な場所でもっともよく見聞きする鳥のひとつです。私たちがふだん目にするカラスは、ハシブトガラスとハシボソガラスという2種で、彼らは街中から山林、農地、海岸まで広く見られます。両種には嘴の形や体の大きさ、生息環境の好みにいくらかの違いがあるのですが、本項ではまとめてカラスと呼びます。彼らはじつは、植物にとってたいへん重要なタネの運び屋なのです。

雑食性のカラスは果実やタネも好き

カラスは動物も植物も食べる雑食性の鳥です。陸上の動物性の食べ物では昆虫やミミズ、トカゲなどを、水辺の動物性の食べ物では貝や魚、カエルなどを食べます。こうした豊富な食べ物のメニューとともに植物の果実やタネも好物であり、特に秋から冬にかけてよく食べています。ブナ科のドングリのような大きく堅い種子（堅果）を割って中身を食べることもありますが、主にサクラ類やウルシ類などのさまざまな多肉質の果実（液果）を食べます。

カラスは多くの果実を丸飲みにしますが、一部の大きな果実は果肉の部分をつついて食べます。果実を食べる鳥たちの中でカラスに特有な行動は、大きな果実を枝ごと折り取って持っていくことです。よく観察していると、カキなどの果実をつけた枝を嘴にくわえて飛んでいるカラスを目にすることがあるでしょう。持っていった先で、果実を足で押さえつけてゆっくり食べるのです。また樹上で普通に果実を食べるときにも、その大きな体で強引に小枝を折りながら食べることもあります。そうした樹木の下にはカラスに折られた小枝が散乱しています。枝葉を破壊してしまうという点では、カラスは植物にとって迷惑な存在といえます。

カラスは大喰らい

しかし別の側面から見ると、カラスは植物にとって俄然重要な役割を果たしていると考えられます。ヒヨドリやメジロたちも植物にとって重要なタネの運び屋ですが（80・84ページ参照）、カラスはタネの運び屋として、これらの鳥たちよりもすぐれている部分があります。

まずは、食べるタネの量です。カラスはたいへんな大喰らいです。カラスのウンチやペリット（＊1）を見てみると、数十個ものタネが入っていることがあります。カラスの胃の内容物を調べた事例では、1個体から何百個もの樹木のタネが出てきたこともあります。またカラスは嘴が大きいことから、ほかの鳥が飲み込むことのできない大きな果実のタネも飲み込んで運ぶことができます。たとえばカキやビワの果実は大きく、その中のタネも大きいため、ヒヨドリやメジロなどの鳥はまず飲み込むことができないのですが、カラスなら楽々飲み込めます。幅広い種の樹木のタネを運べるということがわかります。

＊1　ペリットとは、鳥が食べ物を食べた後に口から吐き出す塊のことを指す。消化しきれない植物種子や昆虫の外骨格、脊椎動物の骨などでできている（28ページ参照）。

カラスはどこまでタネを運ぶ？

次にカラスがすぐれているのは、タネを運ぶ距離です。動物がタネをどれほど遠くに運ぶかは、タネの体内滞留時間（46ページ参照）と、果実を飲み込んだ動物がウンチを出すまでに移動する距離の2つの特徴によって決まります。ではカラスは、どうでしょうか？

まず体内滞留時間について知りたいのですが、じつはカラスの体内滞留時間を測った事例はありません。しかしタネの体内滞留時間の平均は、動物の体の大きさ（体重）でおおよそ決まることがわかっています（46ページ参照）。体の小さな海外のメジロ類（体重約11グラム）やヒヨドリ（体重約70グラム）では20〜30分です。カラスの体重を600グラムとして、鳥類での体重と体内滞留時間の関係式を使って計算すると、体内滞留時間は1時間半程度と推定されます。メジロやヒヨドリと比べるとずっと長いことがわかります。

次に、果実を食べたカラスが移動する距離です。カラスは秋冬になると広い行動圏をもちます。秋冬の夕暮れ時、カラスの群れが空を横切って遠くに飛んでいくのを見たことがある人は多いと思います。これは採食場所からねぐらへと戻る群れであり、中には数十キロメートルも離れた採食場所とねぐらを往復するケースもあります（＊2）。海外のカラスでは、飛行速度は時速50キロメートルに達することが知られています。もしもこの速度で採食場所からねぐらへ向けて、寄り道せずに一直線に飛ぶとすると、十分に体内滞留時間内にねぐらにたどり着くことができます。そのため、秋や冬のカラスは非常に遠くまでタネを運ぶ可能性を秘めています。

＊2　鳥類が移動する範囲は、季節や個体の状況によって大きく変わる。一般的に、繁殖のためのなわばりをもつ春の繁殖個体では、行動圏はそれに制限される。カラスの場合、その広さは直径数百メートルほどなので、繁殖期にはこれより遠くにタネを運ぶことはまずない。

カラスが運ぶのはタネだけではない

カラスは私たちの身のまわりでよく目にすることから、私たちが気づかない間に、非常にたくさんのタネがカラスに運ばれて、遠くへ移動しているかもしれません。またカラスは都市緑地から奥山、また耕作地から河川敷まで、多様な場所を生息場所として利用することができます。そのため、大きな森から都市の公園へなど、異なる環境の間でのタネの移動に貢献している可能性があります。

さらにカラスが運ぶのは、植物のタネに限りません。たくさんのカラスが集まっている場所には、大量のウンチが落ちています。こうしたウンチは道路や建物を汚し糞害をもたらしますが、じつはウンチ自体にリンや窒素などの栄養分がたくさん含まれています。カラスがウンチをすることは、これらの栄養分をその土地にもたらすことを意味します。海洋に浮かぶ火山島は、土壌の栄養分が欠乏しがちですが、海岸で海の生き物を食べたカラスが島の陸地にウンチをすることで、海からの栄養分が陸に供給されることになります。また都市の近郊の森をねぐらにするカラスも、都市から森林への栄養分の運び屋になっているようです。こうした多様な働きをしている点で、カラスは植物だけに限らず、生態系のさまざまな生物に大きな影響を与えているといえるでしょう。【吉川徹朗】

コラム 10

渡り鳥の種子散布

渡り鳥は植物の分布を変化させるような長距離の種子散布を行っていると考えられていますが、調査が困難なため直接的に評価できた研究はありませんでした。しかし、この問題をスペインのカナリア諸島に生息するエレオノラハヤブサの特殊な習性を利用して解決した事例があります。このハヤブサはヨーロッパとアフリカを行き来する渡り鳥を主食とし、捕まえた鳥を巣の近くに貯蔵します。そのため、貯蔵された鳥を調べることで、渡り鳥の種子散布が評価できたのです。貯蔵された21種408個体の鳥から、45個のタネが見つかりました。これらの植物はハヤブサのすむ島には生育しないもので、タネはイベリア半島もしくは北モロッコから運ばれてきたと考えられました。少なくとも、170キロメートル以上の種子散布が起こっていることになります。タネは貯蔵された鳥の1.2%の個体からしか見つかりませんでしたが、数十億羽の渡り鳥がヨーロッパとアフリカを行き来しているので、全体の種子散布量は相当なものになると予想されます。

【直江将司】

カナリア諸島に生息するエレオノラハヤブサ。

コラム11

水鳥の種子散布

水鳥はそれほど重要な種子散布者とは考えられてきませんでしたが、2010年代後半からその重要性を示す報告が次々と発表されるようになりました。水鳥は、重力によって落下すると考えられてきたカヤツリグサ科、イグサ科、イネ科植物などのタネを被食散布していることが明らかになったのです。彼らは水に浮いたり、水中の堆積物の中にあるタネを好んで食べたり、ほかの食べ物を食べる際にタネごと飲み込み、被食散布を行っていました。水鳥は重力散布だけではなく、付着散布や風散布を行うタネも被食散布していました。さらに水鳥はタネの体内滞留時間が長く、行動圏も広いので、長距離の種子散布を頻繁に行っていることがわかってきました。水鳥による種子散布はシギ・チドリやカモメ、ウなどでも報告されていますが、カモ科の鳥類は個体数も多いため、注目されています。大型のカモ科であるコザクラガンでは、渡りの際には2,000キロメートルを超える種子散布を行っていると推定されます。

【直江将司】

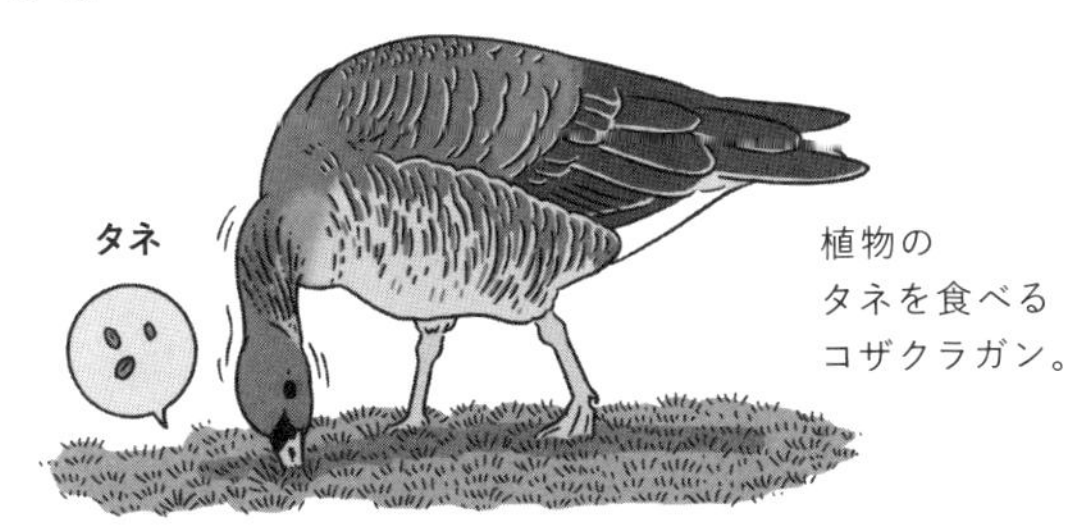

植物の
タネを食べる
コザクラガン。

果実と鳥が織りなすネットワーク

日本では、秋になると北方から多くの渡り鳥が飛来し、また国内でも多くの留鳥が温暖な地域へと移動します。その中にはツグミやヒヨドリ、メジロなどの果実を好んで食べる種が多くいますが、そのタイミングに合わせるかのように、森にはたくさんの果実が実ります。食べられた果実は果肉が消化され、吐き出し物（ペリット）やウンチなどの排泄物に混ざって果実の中のタネが散布されます。このような過程を被食散布と呼びます。渡り鳥と果実を実らせる植物との間には、この被食散布を通じた複雑な関係があります。

秋の森の風景はだれのため

果実を食べる鳥による被食散布は、熱帯から冷温帯まで広く見られる共生関係です。鳥が好んで食べる果実の多くは多肉質で果汁も豊かな液果と呼ばれる形態の果実で、日本の秋の森は紅葉した葉だけでなく、鈴なりに実った小さな液果でもきれいに彩られます。このような風景は、古くから風物詩としても親しまれ短歌や童謡にも登場しますが、そんななじみ深い風景は鳥と大きく関係しています。

鳥に食べられる果実は、マンリョウやヤブコウジ、アズキナシ、ソヨゴ、ナナカマドなど、赤色の果実が多く、また人目には目立ちませんがヒサカキ、クスノキ、ナツハゼなど黒色の果実も多くあります。成熟の過程で、果実の色が赤から黒に変化していく場合もあり、またタラノキ、ミズキ、クマノミズキ、クサギなどでは、果実は黒く、その果実に付属する果柄（かへい）（＊1）や萼片（がくへん）（＊2）が赤色になる二色のパターンを示す種もあります。これは、この二色が鳥に対してもっとも目立ち、視覚的にアピールできるためとされています。また、それら果実のほとんどは短径が3～18ミリメートルと小さく、これは果実を食べるツグミ科やヒタキ科、ヒヨドリ科などの鳥の口の大きさ（幅）が7～18ミリメートルなので、それらが食べられるよう合わせて、果実の大きさが進化したと考えられています。さらに果実が成熟するときは同種、また別の種の木々が同じタイミングで果実を実らせますが、これは木々や森全体で一度に大量の果実をつけることによって装飾的に目立たせ、鳥に見つけやすくさせるためです。実験的に果実が実っている木を減らすと、鳥の飛来数が減ることも確認されています。たくさんの赤色や黒色の小さな実で彩られた秋の森の風景は、鳥にタネを散布させるための植物たちの工夫の産物なのです。

＊1　果実と枝をつなぐ茎の部分。
＊2　花びらの下にあり、花を裏側から支えている部分。

近場に少しずつまく

渡り途中の鳥たちにとって、果実はエネルギー補充のための重要な資源です。果実の実っている木にやって来ては盛んに果実をついばみ、そのタネは元の木から離れた場所へ散布されます。渡り鳥というと何キロメートルも遠く離れた場所までタネを運ぶイメージがありますが、ツグミ科やヒタキ科などの場合、体重が100グラム以下で体が小さく、消化器系も短いため食べた果実は短時間で消化、排泄が行われます。ヒヨドリを用いた実験では食べた果実のタネは10～30分程度で排泄されることも確認されており（80ページ参照）、この迅速な排泄は小さな鳥にとって体重を軽くし、飛行しやすくするのにも有利です。そのためタネを散布する距離は元の木から数十～数百メートル程度になります。それほど遠くにはタネは散布されませんが、元の木の近隣は発芽や生息に適した環境である可能性が高いため、そうした場所へタネが散布されることは好都合なのです。また、ほかの動物の被食散布ではひとつのウンチや吐き出し物の中にさまざまな種のタネがたくさん混ざって排泄されることが多いですが、小さな鳥の場合は早い消化によって、タネは頻繁に1～数個ずつ排泄されます。この散布の仕方は、タネが1か所に集まることを避ける効果につながります。このようにツグミ科やヒタキ科などの小型の果実を食べる鳥は元の木が生育している環境の範囲内に、タネを少しずつあちらこちらにまいてくれる非常に有能な散布者になっていると考えられます。

鳥とタネがつくる散布ネットワーク

渡り鳥はさまざまな種類の果実を食べ、一方で果実側も何種もの鳥に食べられます。こうした複数種の鳥と果実の間の捕食・被食の関係は、双方の群集を結びつけ、個々の関係の網目のような複雑なネットワークがつくられます。このようなさまざまな鳥の種とさまざまな植物の種との間の関係（種子散布ネットワーク）は多様な環境でつくられますが、渡り鳥と果実の間のネットワークの形や複雑さは、飛来する鳥の数や実る果実の種数によって変化します。一般に、より多くの種の果実を食べる鳥種がいることによって、そのネットワークは複雑になって安定するとされています（＊3）。渡り鳥の場合、比較的口が大きいツグミ科のシロハラやマミチャジナイなどが多くの種の果実を食べるため、安定したネットワークをつくるのに貢献しています。植物のほうも果実が小さく、1本の木に数万個の果実をつけるタラノキやカラスザンショウなどは多くの鳥種に食べられるため、同様にネットワークの安定化に役立っています。

しかし近年、こうした鳥と植物との間の種子散布ネットワークに変化が起きています。世界的に気温が上昇する温暖化が進んでいますが、それによりさまざまな生物にも影響が出ています。これまで種子散布や花粉媒介を通じ、共生していた動物や植物も生活史や行動が変化し、その関係が変わることが予測されています。日本でも平均気温が年々上昇しており、秋に実る果実の数や成熟のタイミングが変化することで、鳥の渡りの季節に合わなくなり、渡り鳥の移動のルートやタイミングにも影響が出ることが懸念されています。これまで安定していた秋の渡り鳥と果実との間の種子散布ネットワークや、鳥種と植物種の関係が変化する可能性もあります。風物詩であった秋の森の風景も今や変わりつつあるのかもしれません。【大河原恭祐】

＊3　食べる果実や食べてくれる鳥が不足、消失しにくい状態のネットワークは安定化しているとされる。

秋の渡りの途中でいろいろな鳥が果実を食べる

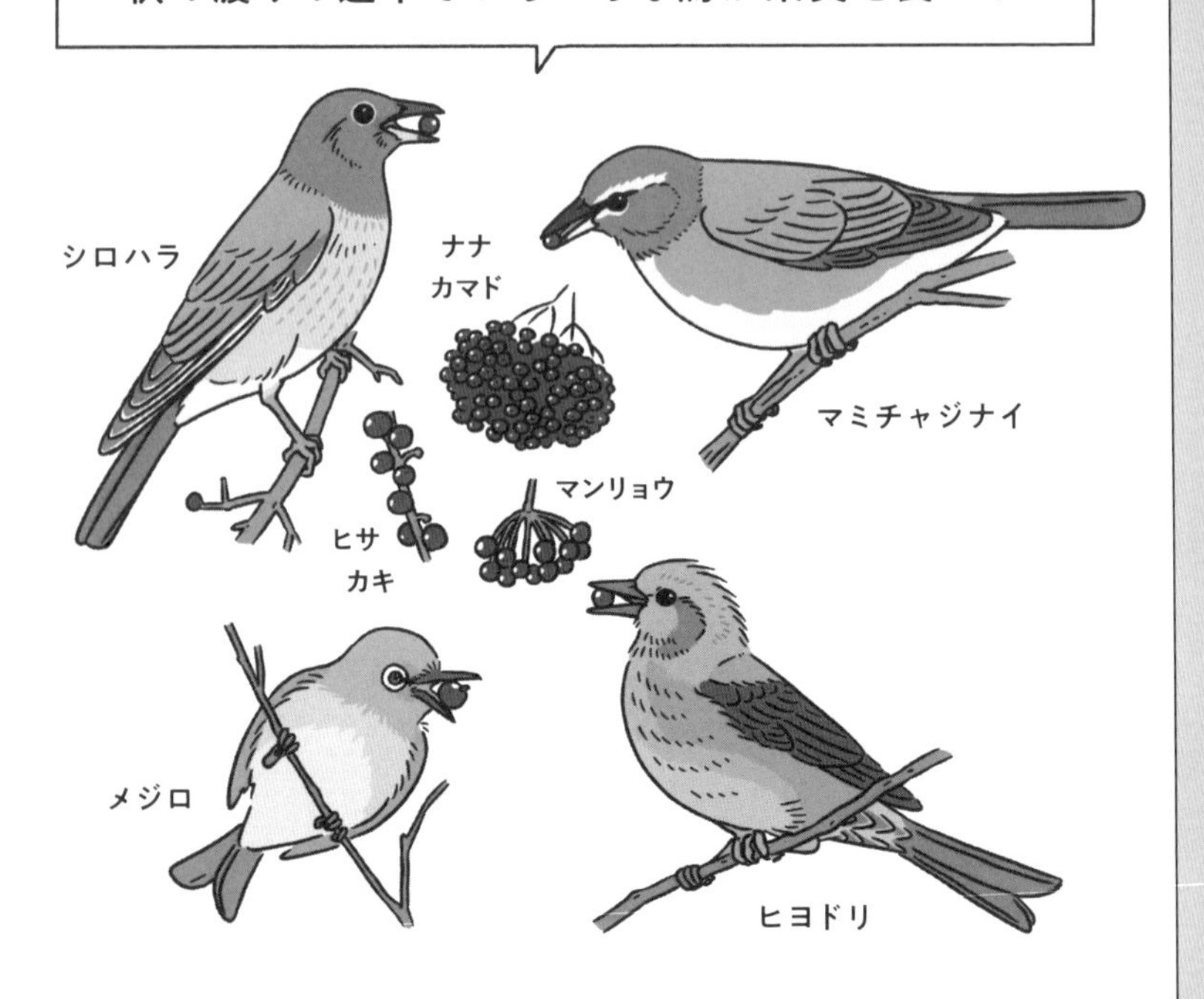

赤や黒の実で彩られた秋の森は多くの鳥たちをひきつける

タネを1～数個ずつ木から少し離れた場所に散布する鳥たち

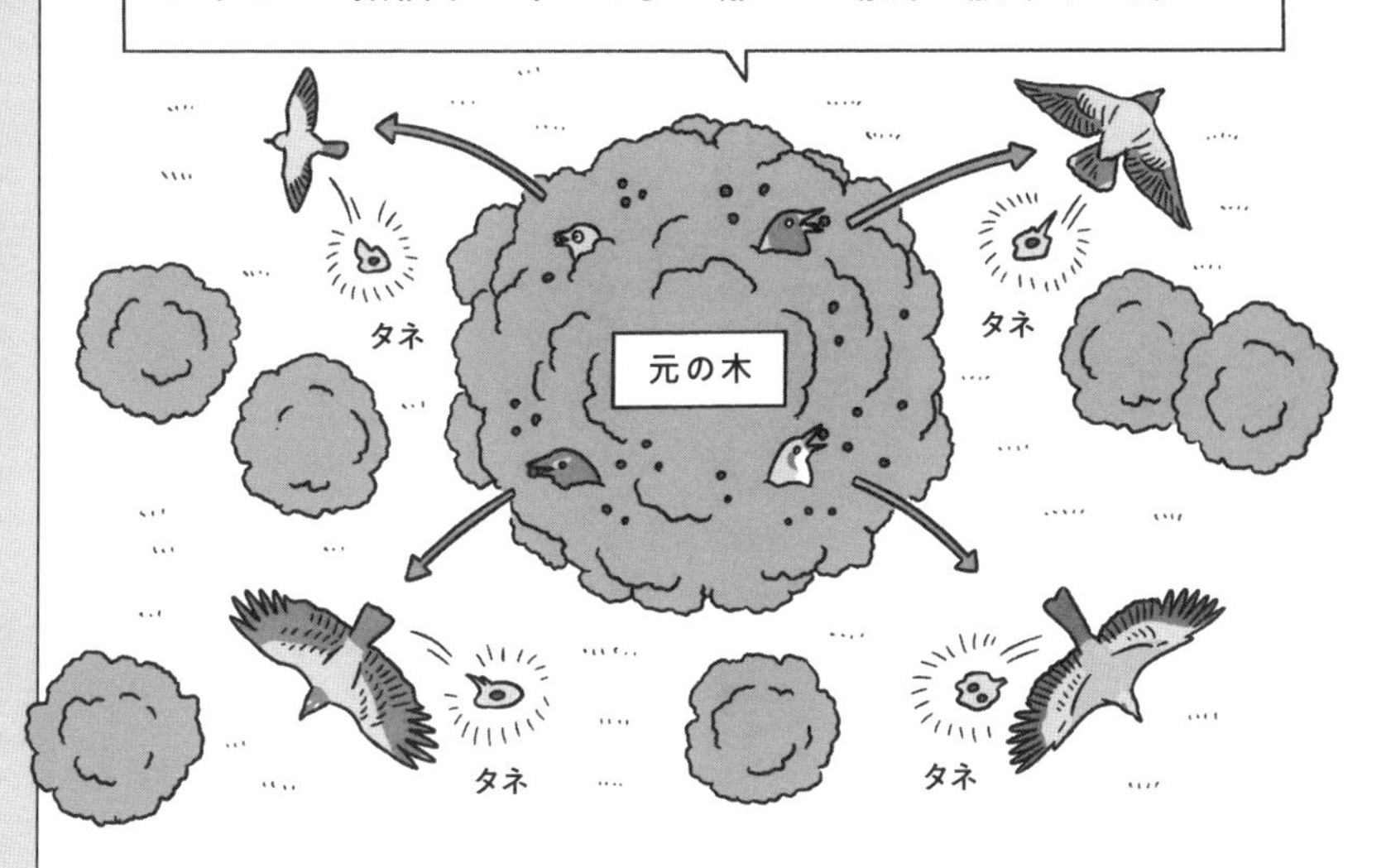

鳥とタネの間には複雑なネットワークがある

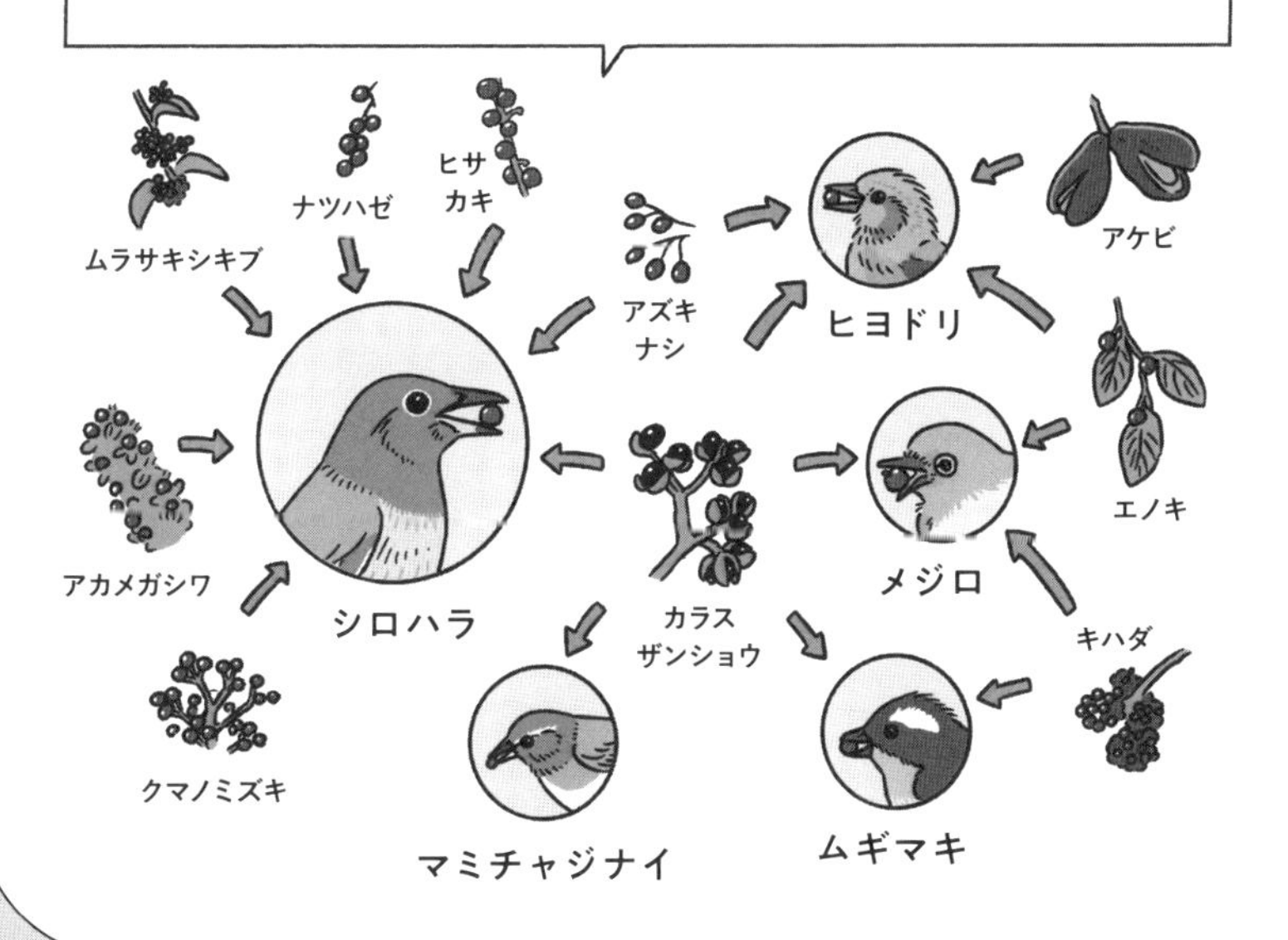

島から島へタネを運ぶハト

カラスバトは、その名の通りカラスのように黒い色をしたハトです。しかし完全に真っ黒ではなく、首から胸にかけて緑や紫の光沢があり、光の当たり具合によってさまざまな色に輝いて見えます。カラスバトは日本と韓国周辺の離島にのみ生息しており、常緑広葉樹林（＊1）に好んで生息するので、日頃の生活で目にする機会は少ないです。森の中で時折聞かれる「ウーウー」という独特のさえずりは、不気味に感じられるかもしれません。生態にも謎の多いカラスバトですが、最近の研究により、島の植物のタネを遠くに運ぶという、重要な役割を果たしていることがわかってきました。

＊1　国内の温暖な地域に分布する、冬でも葉が落ちない森林。

タネを壊しもするし運びもする

カラスバトは「砂囊（さのう）」と呼ばれる食べ物を砕く器官が発達しており、飲み込んだ果実をタネもろとも粉砕してしまいます。カラスバトのウンチの中身を調べてみると、細かく砕かれた植物のタネをたくさん見つけることができます。カラスバトはタブノキの実が大好きなのですが、ウンチに含まれるタブノキのタネは跡形もなくつぶされています。ほとんどの場合、タブノキにとってカラスバトはタネの破壊者　（種子捕食者）　となっているようです。一方、カラスバトのウンチからは破壊されていないタネも見つかります。その多くはクワやヒサカキなどの小さなタネで、これらは砂嚢でつぶされることを免れ、ウンチとして排泄されやすいようです。時には、オオシマザクラなど、やや大きめで硬いタネも破壊されずに度々排泄されます。ウンチを200個程度拾って分析すると、その半数から破壊されていないタネが見つかります。カラスバトは完全な種子捕食者ではなく、タネを運ぶ種子散布者でもあるのです。

島々を飛びまわりタネを運ぶ

カラスバトは離島にのみ生息していますが、ずっと同じ島に留まっているわけではありません。数キロメートルから百数十キロメートルのスケールで、周辺の島々を自在に飛びまわることができるのです。カラスバトは季節的な移動だけでなく、日常的にも島々を移動しています。繁殖期には、主な繁殖地である伊豆諸島の八丈小島と、そこから4キロメートル離れた八丈島の間を、多い日で一日延べ5000羽くらいのカラスバトが行き来しています。八丈小島で繁殖しているカラスバトが、八丈島まで食べ物を取りに行っていることが、このような移動をする理由のひとつです。これは、カラスバトに果実を食べられる植物にとって、タネを遠くに運んでもらえる大きなチャンスです。完全な形で排泄されやすいクワやヒサカキのタネは、繁殖期のカラスバトのウンチに多く含まれています。また、5月ごろに八丈小島でカラスバトのウンチを拾ってみると、そのほとんどに、八丈小島では見られないオオシマザクラのタネが含まれているので、カラスバトが海を越えてタネを運ぶことがまさに証明されるのです。

カラスバトは、隣接した島間の移動だけでなく、季節的にさらに広い範囲の移動も行います。植物のタネがカラスバトの体内を通ってウンチとして排泄されるまでの時間（体内滞留時間）は、2・6時間から6・9時間程度と推定されます。八丈島と八丈小島を移動するカラスバトの飛行速度は時速48キロメートルと測定されました。体内滞留時間に飛行速度をかけることで、カラスバトによってタネが運ばれる距離を推定すると、123～332キロメートルとなり、伊豆諸島の北端に当たる伊豆大島から、有人島としては最南端の青ヶ島までを含む範囲でタネが運ばれ得るということになります。カラスバトの詳しい移動パターンは明らかではありませんが、GPS発信機による追跡などでは、1日の間に30～170キロメートルの距離を飛んで別の島に移動することがわかっています。実際に伊豆諸島のかなりの範囲にタネを運んでいる可能性が高いといえます。

島の生態系におけるカラスバトの役割

カラスバトの生息地である離島の中でも、伊豆諸島や小笠原諸島など「海洋島」と呼ばれる島々は、海底火山の活動によって誕生した島で、一度も大陸とつながったことがありません。そのため、これらの島々に植物がたどり着いて分布を広げるためには、そのタネが風に飛ばされたり、海流に流されたり、鳥の体にくっついたり、あるいは鳥に食べられたりと、さまざまな方法で海を越える必要があります。カラスバトは移動能力が高く、果実を食べる鳥の中では体内滞留時間が長いので、植物のタネが海を越えて移動する上で、非常に有能な運び屋であるといえるでしょう。

野生化したヤギによる植生破壊（*2）が深刻だった八丈小島では、２００７年までにヤギの駆除が完了し、現在は植生回復の途上にあります。近年では繁殖期の5月から9月くらいの間に、毎日数百から数千のカラスバトが八丈島との間を移動しているので、かなりの数のタネが八丈小島に持ち込まれているはずです。

このようにカラスバトは、島の生態系の成立、そして破壊からの回復において、重要な役割を果たしている可能性があるのです。一方、カラスバトが果実を食べてタネをまき、そのタネが木に育つまでには、さまざまな障壁があります。カラスバトの砂嚢でつぶされやすいタネはほとんど運んでもらえなさそうですし、破壊を免れたタネでも、落とされた場所がその植物に適していなければ育つことができません。カラスバトによる島間の移動、タネの破壊と散布という行動が、島の生態系にどのような影響を及ぼすのかを明らかにするためには、さらなる調査が必要です。【安藤温子】

*2　家畜として飼われていたヤギが野生化し、さまざまな植物を食い荒らすことで森林、竹林、草原などがなくなっていくこと。人が住まなくなった小さな島では植物が食べつくされ、むき出しになった土が海に流れ出るなどの影響もある。

木の実大好きカラスバト

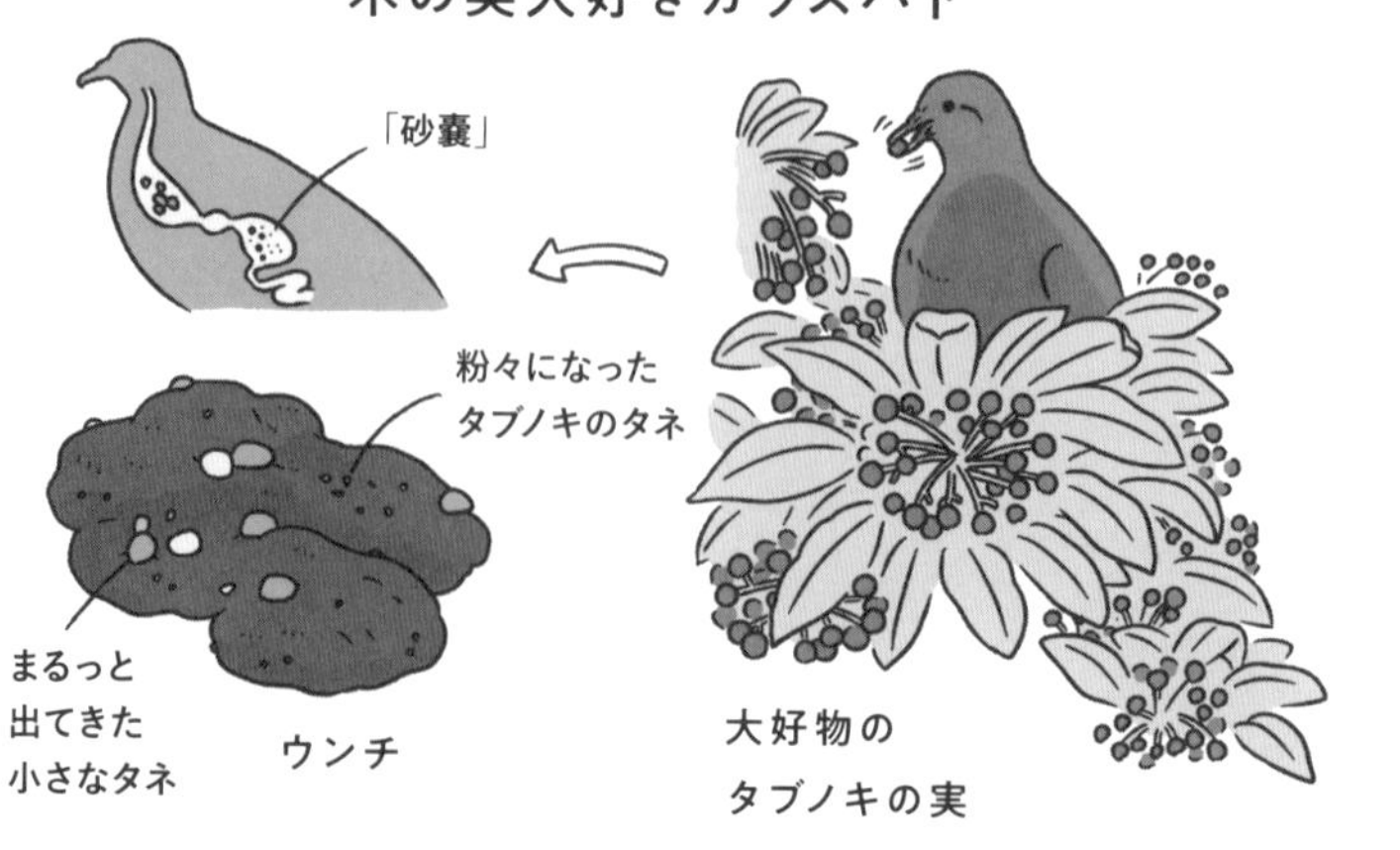

海を渡るカラスバト
木の実を食べながら島間を移動。
一緒にタネも運ぶ。
本州
行ったり
来たり
ムシャムシャ
ウンチの中に
含まれるタネが
発芽することがある。

コラム 12

きのことヤマナメクジ

森で見かけるきのこには、虫や動物に食べられた痕がよく見られます。特に、表面が削られたような特徴的な痕は、きのこを好むヤマナメクジが食べた形跡です。一見、きのこの大切な胞子を食べてしまうヤマナメクジは厄介者な気がしますが、最近の報告で意外な一面があることがわかってきました。森にすむヤマナメクジのウンチには、倒木に生える木材腐朽菌のきのこ胞子が大量に含まれていることが観察されたのです。驚くべきことに、排泄された胞子の中には発芽率が高いものもあります。また、ヤマナメクジは倒木や根元を好んで移動することもわかり、新たな環境へ胞子を運ぶ可能性が考えられます。きのこの生長には、複数の発芽した胞子が結合する必要があるので、ヤマナメクジが胞子をまとめて新たな倒木に運ぶことは、きのこにとってメリットがあるといえるでしょう。ゆっくりとした移動力のヤマナメクジですが、きのこを新しい環境につなぐよき運び屋なのかもしれません。【北林慶子】

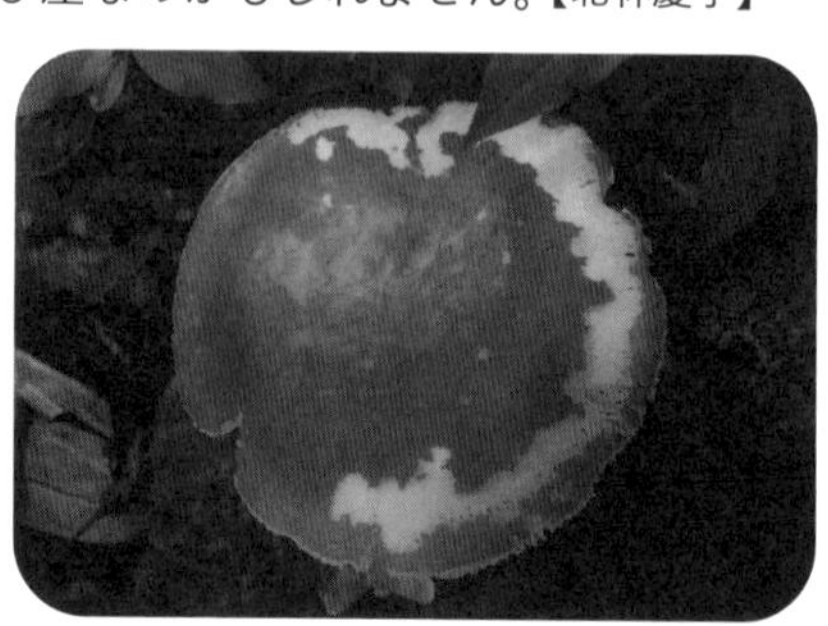

ヤマナメクジがきのこを食べた痕。

コラム 13

ヤシの実は小さくなる

大型の果実を食べることができる大きな動物は、生息に必要な面積が広く狩猟対象になりやすいため、人間活動によって絶滅しやすいです。そうなった場合、彼らに種子散布を頼っていた植物はどうなるのでしょうか？　ブラジルの森で液果を実らせるヤシの仲間は、大型の鳥のオオハシなどが生息する森では大きなタネを、それらが絶滅した森では小さなタネを含む果実を実らせます。さらに、大型の果実を食べる動物が絶滅してから何年ほどで小さなタネに変わるのかを調べると、現在のタネの大きさになるのには100年もかかりませんでした。つまり、大型の果実を食べる動物が絶滅したことで、小型の果実を食べる鳥がタネを散布できるよう、タネが小さくなるように進化したようです。ただし、タネを小さく進化させても万事解決とはいきません。このヤシでは、タネが小さくなることは乾燥への耐性が低下します。気候変動によって干ばつの頻度が増えると予想されており、将来はうまく世代更新ができなくなるかもしれません。

【直江将司】

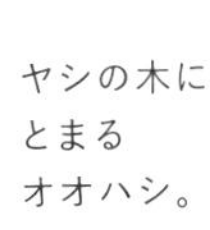

ヤシの木に
とまる
オオハシ。

コラム 14

八百屋で感じる種子散布

八百屋さんに行くとたくさんの果物が並んでいます。果物をおいしく食べる豆知識に、果物の追熟性があります。追熟とは収穫した後も成熟が続く性質のことで、追熟する果実（追熟型果実）にはカキやバナナ、アボカド、リンゴ、モモなどがあります。逆に、収穫後は成熟しない果物（非追熟型果実）にはブドウやイチゴ、ブルーベリー、サクランボなどがあります。追熟性の有無によっておいしく食べるための保管方法が異なるため、果物に関わる人にとっては大事な性質です。でも、なぜ追熟する果物としない果物があるのでしょうか？　じつは、追熟型果実と非追熟型果実では、種子散布者が違うのです。追熟型果実は親木から落果して地面で成熟し、タヌキやイノシシなど地面を徘徊する動物に食べられます。つまり、果物の追熟する／しないという性質は、過去の種子散布者との進化の歴史を反映しているといえそうです。八百屋さんでの買い物が少し楽しくなりませんか？【深野裕也】

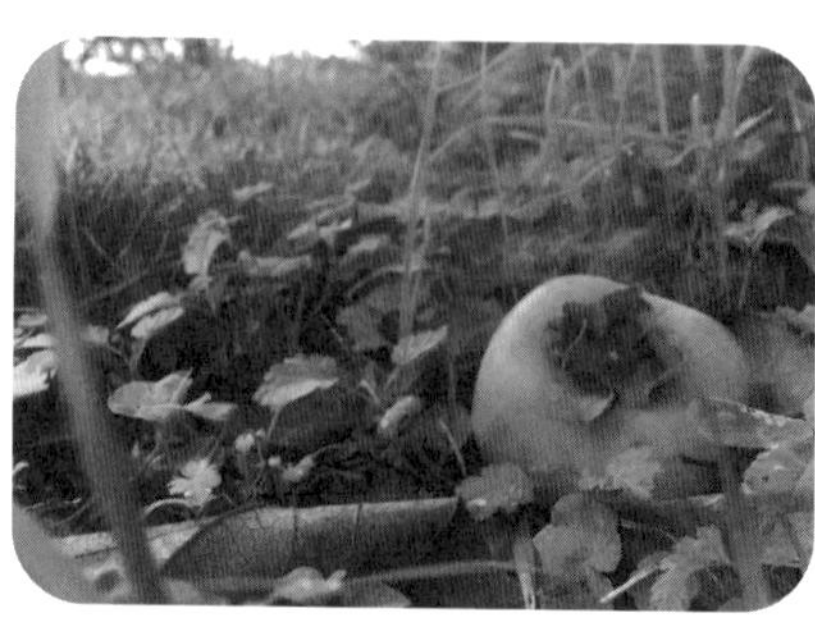

東京大学の
附属生態調和農学機構
（農場）の果樹園で
落下して追熟していた
カキの実。農場のタヌキに
食べられるのだろうか。

タネまく小さな生き物

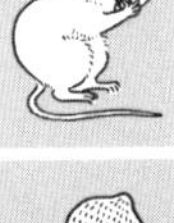

タネをまくのは哺乳類や鳥類だけではありません。ナメクジやカマドウマ、アリ、魚、カメだってタネをまきます。どんなに距離が短くても、動けない植物からしたら小さな種子散布者も大切なパートナーです。たとえ水の中にタネが落ちてしまったとしても、カメや魚が運んでくれるかもしれません。また、誰かがウンチと一緒に運んできたタネをさらに運んで、時には埋めてくれるフンコロガシも、ほかの動物による種子散布のフィナーレを飾る大切な存在です。

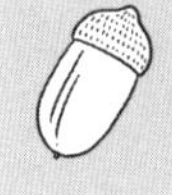

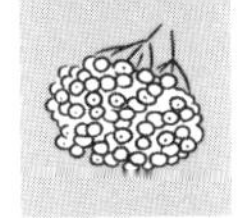

小さなアリの大きな役割

植物のタネを散布する動物は、果実を食べる哺乳類や鳥類だけではありません。アリは女王アリと多くの働きアリからなるコロニーで巣をつくって生活していますが、多くの種の働きアリはタネを運ぶ役割をもっています。日本の森では、特に草花の小さなタネを運び、それらの植物にとっては重要な種子散布者となっています。

アリとタネの関係

アリによる植物のタネの散布はアリ散布と呼ばれ、熱帯雨林から冷温帯の森、さらに乾燥地帯の灌木や草地など多様な環境で報告されています。アリは大所帯の巣を維持するため、野外でたくさんの食べ物を集めなければなりません。アリの多くは雑食性でほかの昆虫や節足動物を捕らえて食べ物とするのに加え、花の蜜や果肉など植物質の食べ物も利用します。地面に落ちている植物のタネも食べ物として集めて巣に運ぶので、それが散布につながっています。食べ物なら食べられてしまうので散布にならないのでは？　とも思われますが、熱帯林で行われたオオズアリ属の研究では、ほとんどのタネは食べられてしまうものの、少数は巣の中に残されたり、巣のまわりに捨てられ、そこから発芽していることが観察されています。多くの犠牲と少数の成功の微妙なバランスの上に、このアリ散布は成立しているのです。

アリを魅了するエライオソーム

すべてのアリ散布がこのように非効率な仕組みというわけではありません。植物の中にはアリにタネを運ばせるための工夫をしている種が多く見られ、それらはタネの表面にエライオソームと呼ばれる小さな付属器官を備えています。エライオソームには動物性の脂肪分が含まれ、栄養分になると同時にアリに運搬を誘発させる成分が含まれています。アリはこのエライオソームにひかれ、タネを巣まで運び、エライオソーム部分だけを食べた後、タネは巣の中や外に捨てられ、散布が完了します。こうした植物はアリ散布植物と呼ばれ、日本ではスミレ属、カタクリ属、カンアオイ属、キケマン属、オドリコソウ属などに属する約200種が知られています。

アリ散布の大きな特徴である器官、エライオソームの形や大きさは種や系統によって異なっていますが、多くの場合、タネの端の部分に突起物のように付着しています。アリはこのエライオソームをあごではさんでタネを運ぶため、タネをもつ持ち手（ハンドル）のような機能もあると考えられています。ここまでアリ散布に特殊化したエライオソームは、元々は別の散布者のためであったとされる説があり、アカシア属やエンレイソウ属では、その分類群の中に鳥類や哺乳類にタネが散布される種とアリに散布される種とがあります。前者は大きくタネを包み込むような形状で目立つ色彩をしたエライオソームをもっていますが、後者ではエライオソームは白く地味で小さな突起状になっています。おそらくエライオソームは最初のうちは鳥類や哺乳類を対象にした果肉として発達しましたが、その後、散布者をアリとする種の出現とともに、それに合わせて大きさや形が縮小していったのではないかと推測されています。しかし、アリ散布は多くの植物系統で収斂（しゅうれん）的に進化（＊1）してきたため、エライオソームの進化にはほかにもさまざまな過程があったと考えられます。

たった1メートルの散布が役に立つ？

いろいろな植物にアリ散布の進化を促すほど、散布者としてアリは頼りになるのでしょうか？　多くの事例で示されていますが、じつは小さなアリがタネを運ぶ距離は20センチメートル〜1メートルほどで、鳥類や哺乳類に比べたら非常に短い距離の散布です。それでも植物、特に草本のような種類には有利なことがあります。タネの分散には発芽するときや芽生えが生長するときに、母樹や兄弟同士で光や土壌栄養分をめぐる争いが起きるのを避ける意義がありますが、小さな草本では親から1メートル程度離されるだけでも、その競争の回避には十分なのです。また野外ではタネは食べ物としてほかの動物に頻繁に捕食されますが、アリの巣へ運び込まれることによって捕食を回避し、生存率が上がることが多く報告されています。また乾燥地帯の灌木地や草地では、アリの巣は食べ物となった昆虫の死体などが蓄積するため、それら有機物によって土壌の栄養分が高く、運ばれたタネの発芽率や芽生えの生長率が高くなることも示唆されています。さらに熱帯林ではアリの巣は湿度や温度が発芽や芽生えの生長に適し

＊1　複数の生物種に同じ機能や特徴をもった形質が独立に進化する現象を指す。進化系統や地理的条件と関係なく起きる。

た環境であることも示されています。このようにアリによる散布は距離よりもタネや芽生えの生存に有利である意義が大きいのです。

アリにとっても大事なアリ散布

アリ散布は植物に対していろいろなメリットを与えていますが、一方で、アリ側にも有利な点があります。クシケアリなどのアリでは、散布を通じてタネのエライオソームを捕食することができたコロニーは、捕食できなかったコロニーよりも、女王アリや雄アリ、さらに働きアリの生まれる数が増えることが野外観察や実験で示されています。これはエライオソームがアリにとっても重要な食べ物資源で、アリ散布を通じて適応的な利益を得ていることを示しています。動物による散布は植物と動物間で利益を交換しあう共生関係ですが、アリ散布は散布者側の利益を検証できた貴重な例といえます。小さなアリによるタネの散布は生物間の共生関係とその進化について、大きな発見の可能性を秘めているのです。【大河原恭祐】

カタクリのタネを運ぶアリ

アリの栄養となる脂肪分や

アリはエライオソームを巣の中で
食べ、残り(タネの部分) は捨てる。

ごちそう
さま
捨てられたタネの
一部が発芽する。

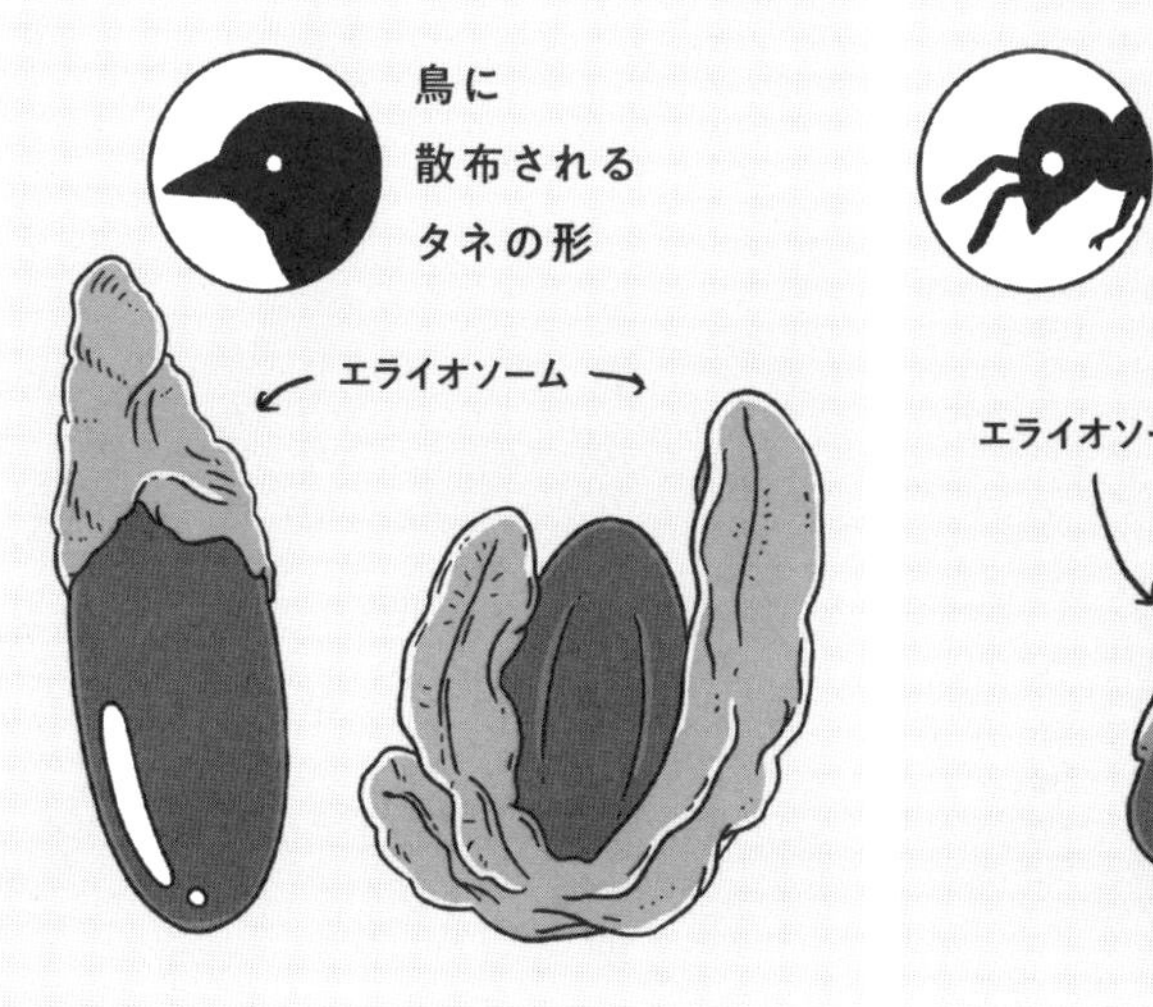

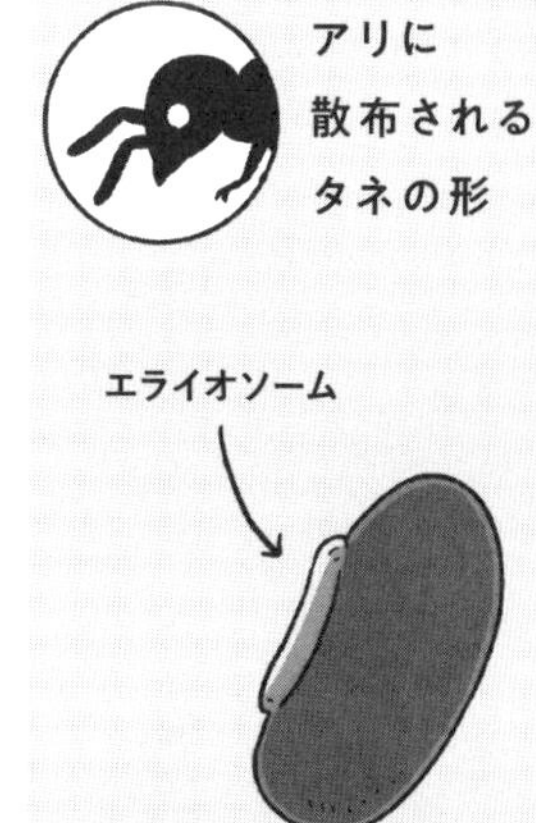

エライオソームパワー!?

一部のアリではエライオソームを食べると
コロニー全体の生産数が上がる。

タネまきの最後を締めくくる糞虫

糞虫（ふんちゅう）よりフンコロガシという名前のほうが多くの人にはなじみがあるかもしれません。ファーブル昆虫記に出てくるアレです。文字通り「糞の虫」で、正式には食糞性コガネムシといいます。幼虫や成虫が動物のウンチなどを食べるコガネムシの仲間を糞虫といいます。

糞虫＝フンコロガシではない

皆さんがイメージするフンコロガシは、砂漠でボールのように丸めたウンチを、逆立ちして後ろ足で転がす虫ではないでしょうか。そのような虫を専門的には「転がし屋」タイプの糞虫と呼びます。ウンチは糞虫にとっては食べ物であり、産卵場所にもなります。ところが、ウンチはいつでも、どこにでも存在するわけではありません。そのため、突如新たなウンチが出現すると、あちらこちらから糞虫が集まってきて、ウンチをめぐる争奪戦がはじまります。うかうかしているとあっという間になくなってしまいます。そのため、「転がし屋」は見つけたウンチを確実に、そして安全に食べるために、遠くに運びます。

糞虫には「転がし屋」以外に、「トンネル屋」と「住み込み屋」がいます。「トンネル屋」はウンチの下やウンチ周辺の地面にトンネルを掘ってそこにウンチを運び入れます。「住み込み屋」はウンチの表面や中でウンチを食べ、ウンチに産卵します。このうち「転がし屋」と「トンネル屋」がウンチの中のタネを移動させることがあります。この現象を専門的には二次散布と呼び、種子散布のひとつです。

日本には「転がし屋」の糞虫はわずか数ミリメートルほどの大きさの、数種が生息するだけです。日本に生息する約160種の糞虫の多くは「トンネル屋」と「住み込み屋」です。そのため、日本では「トンネル屋」の糞虫が、哺乳類のウンチに含まれるタネのゆくえに大きく影響します。代表的な「トンネル屋」にオオセンチコガネと呼ばれる金属光沢の輝きをもった、体長2センチメートルほどの糞虫がいます。オオセンチコガネはウンチをトンネルに移動させる際に、ウンチに含まれるタネの数十%をトンネルの中に移動させます。

ネズミからタネを守る

植物のタネはネズミにとっては魅力的な食べ物です（34ページ参照）。さらに、哺乳類のウンチの中にはたくさんのタネが含まれているので、哺乳類のウンチはネズミにとってもご馳走のようなものです。たとえば、数百個のサクラのタネを含んだツキノワグマのウンチに自動撮影カメラ（＊1）を設置したところ、ウンチを森に置いたその夜からひっきりなしにアカネズミやヒメネズミがウンチを訪れる様子が撮影されました。ウンチを訪れたネズミたちは、ウンチの中からタネを取り出して食べ、タネをくわえて森へ消えてしばらくすると戻ってくるなど、日の入りから日の出までご馳走を目の前に狂喜乱舞している様子です。そして、数日もするとウン

＊1　カメラの前に現れた動物の体温を感知して、自動的に撮影を行うことができるカメラ。

チとともにウンチの中のタネも姿を消し、ウンチがあった辺りにはネズミに食べられたタネの破片だけが残ります。

哺乳類にウンチと一緒に運んでもらったタネですが、哺乳類の脱糞後すぐにネズミに食べられてしまったのでは植物にとっては良いことは何もありません。この危機を救うのが「トンネル屋」の糞虫です。ある実験では、地面にそのまま置いたタネはネズミに食べられ、どこかに運ばれたりしますが、より地面深くに埋めたタネほど、ネズミに見つかりにくくなることがわかっています。つまり、タネは「トンネル屋」によってウンチとともに地面に埋め込まれることで、ネズミによる発見から逃れることができます。

ただし、ネズミはウンチの中のタネをその場で食べるだけでなく、別の場所に貯めておく習性もあります。これは貯食散布と同じ現象で（34ページ参照）、ネズミも哺乳類のウンチに含まれるタネの二次散布にある程度は貢献しているようです。

深く埋められすぎてもだめ

オオセンチコガネは深さ1メートル以上のトンネルを掘ることがあります。そこで、どの程度の深さまで、地面に埋められたタネは発芽することができるのかを調べました。その結果、サクラのタネの場合、深さ5センチメートル程度までの深さであれば、埋められたタネは地表に芽を出すことができました。しかし、もっと深くに埋められたタネは芽を出すことはありませんでした。おそらく、深くに埋められたタネは暗すぎたり、胚軸（*2）の長さが足りなかっ

*2 タネが発芽してタネの部分（胚）から芽生えとなったときの、最初につける葉（子葉）からタネまでの部分。私たちが食べるモヤシの大部分。

たことが原因のようです。

オオセンチコガネはウンチの中のタネの多くを、トンネル内の地面から数センチメートルから10センチメートルほどの深さに移動させます。糞虫はウンチをトンネルの奥から運び入れはじめ、ウンチでトンネルが埋まっていくにつれて、浅いところにもウンチを運び入れます。埋められた深さがちょうどよい深さのタネだけが発芽できるようです。タネの発芽能力とネズミからの回避というメリットとの関係を考えると、オオセンチコガネによってトンネル内の深さ数センチメートルから5センチメートルくらいの位置に埋め込まれたタネは一番ラッキーといえます。

トンネル屋もネズミも必要

では、「トンネル屋」だけがいればよいかというと、そうでもないようです。ある実験では、「トンネル屋」とネズミの両方がいる状態と、ネズミを排除し「トンネル屋」だけがいる状態の2つの条件下で、サクラのタネの入ったツキノワグマのウンチを観察したところ、芽生えたタネの数が多いのは前者のウンチでした。おそらく、ウンチの中のタネは、ネズミによってある程度間引かれないと、タネ同士でその場所の土の中の栄養や光の取り合いになってしまうためのようです。というわけで、哺乳類が種子散布者としての役割を果たすには、「トンネル屋」の糞虫とネズミの両方とも森に必要で、どちらが欠けても植物にとってはうれしくないようです。【小池伸介】

日本の 糞虫いろいろ

転がし屋
マメダルマコガネなど

トンネル屋
オオセンチコガネなど

住み込み屋
マグソコガネなど

ウンチの活用方法もいろいろ

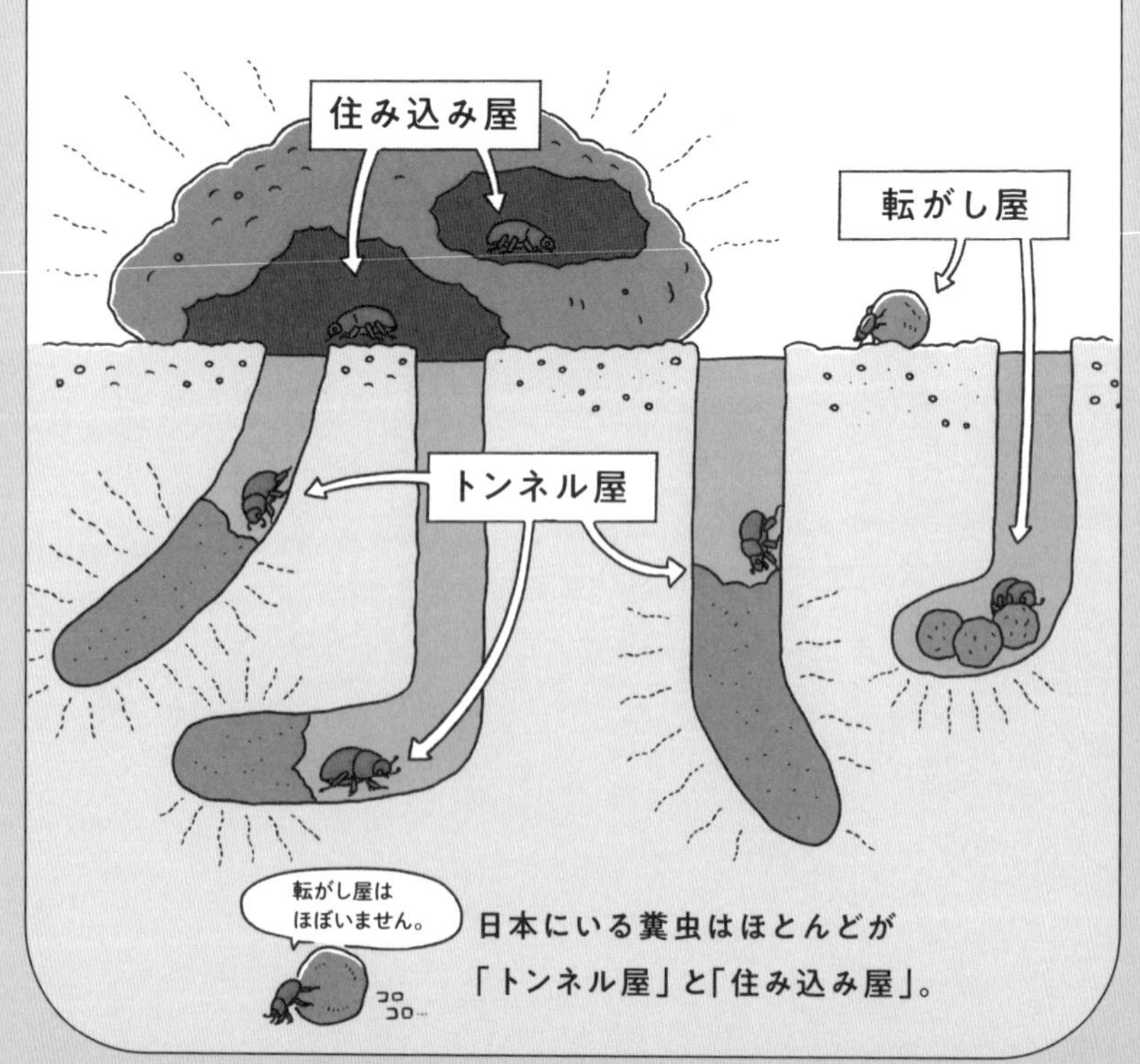

日本にいる糞虫はほとんどが
「トンネル屋」と「住み込み屋」。

できたてのウンチにはたくさんの生き物が群がり、
タネの取り合いがおこる
アカ
ネズミ
ワラ
ワラ
糞虫たち
タネ入りの
ウンチを
運び出している
トンネル屋の糞虫。
タネを間引く
タネを埋める
ウンチの中の
タネを食べたり、
別の場所へ持ち去る
アカネズミ。
ウンチの中のタネが発芽するには
糞虫もネズミも両方必要。

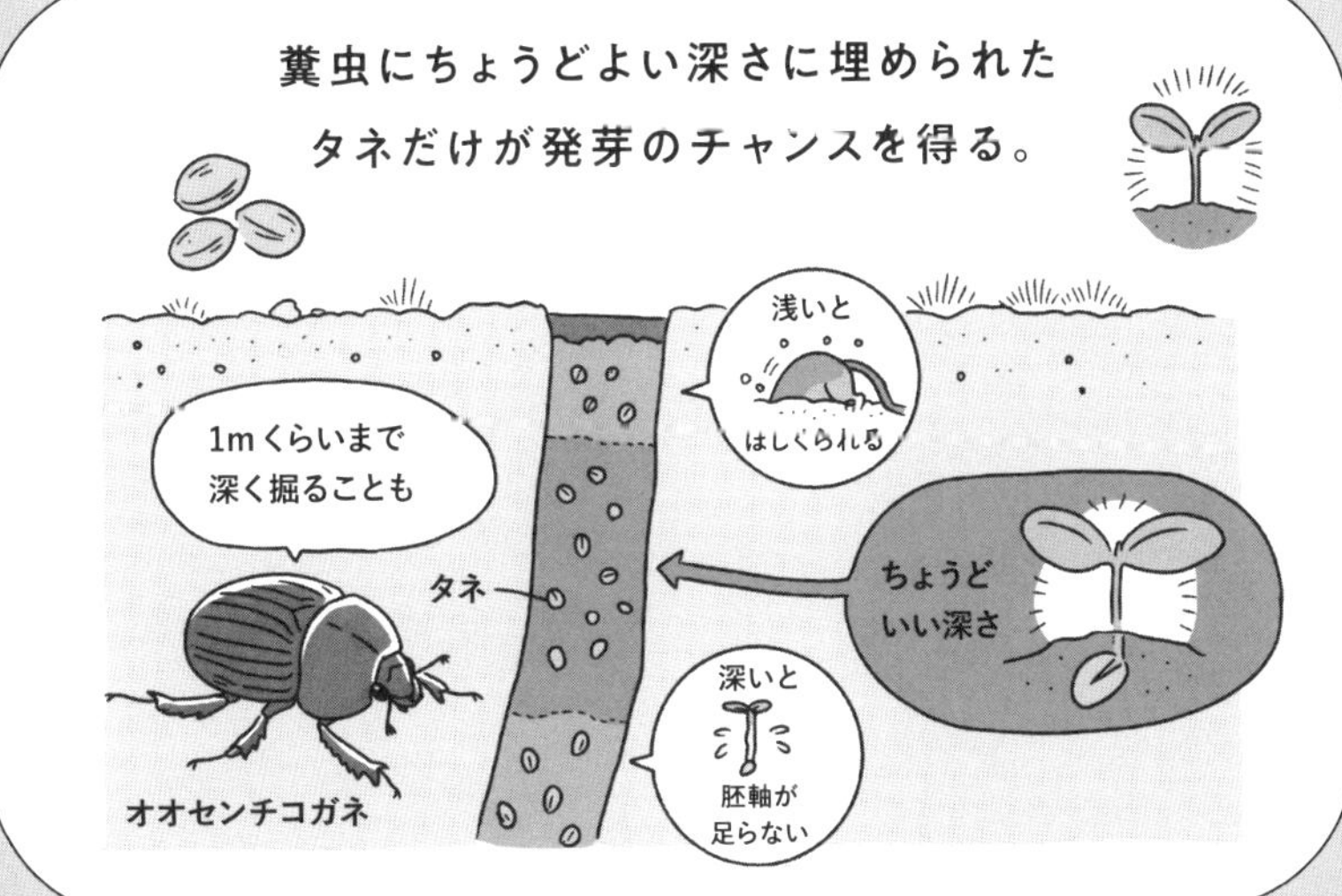
糞虫にちょうどよい深さに埋められた
タネだけが発芽のチャンスを得る。
浅いと
はしくられる
1mくらいまで
深く掘ることも
タネ
ちょうど
いい深さ
深いと
胚軸が
足らない
オオセンチコガネ

ナメクジとカタツムリが運ぶタネ

タネが大きくなればなるほど、物理的に動物の体内をタネが通過することは難しくなります。私たちが果物を食べる際、イチゴのタネは飲み込んでも、モモのタネは飲み込まないでしょう。そのため、哺乳類や鳥類よりずっと小さな陸貝や昆虫が食べた果実のタネをまく可能性には、注目されてきませんでした。しかし、近年、これまでの常識をくつがえす事例が次々と報告されています。

古くて新しい陸貝散布：はじまりは海外から

ナメクジやカタツムリなどの陸貝がタネを運んでいる可能性は、1930年にイギリスの植物学者ヘンリー・ニコラス・リドリーが出版した本ですでに指摘されていました。その後、1998年に北米に生息する大型のナメクジの一種バナナナメクジが排泄したタネに発芽能力があることが報告されました(＊1)。さらにエライオソームという栄養物質がついたタネは主にアリが運ぶと考えられていますが(110ページ参照)、ヨーロッパの一部の地域では、アリではなくナメクジが主にタネを運んでいることがわかってきました。ナメクジを排除した実験では、タネが動物に運ばれる数が大きく減少したのです。日本に生息する約800種の陸貝は、

＊1　体長20センチメートルを超えるナメクジで、熟したバナナのような黄色の個体も見られる。実験的にキイチゴやチゴユリの仲間の果実を給餌し、ウンチから回収したタネが発芽することが確認されている。

植物の葉、茎、果実、タネ、朽ち木、藻類、菌類などを食べる雑食性です。これらの陸貝がタネを運ぶ可能性について、ヤマナメクジとノトマイマイを対象とした実験を行ってみました。

タネは運ばず、胞子を運ぶヤマナメクジ

雨上がりに山歩きをすると体長10センチメートルを超える巨大なナメクジに出会うことがあります。日本を代表する大型のナメクジ、ヤマナメクジです。ヨーロッパの先行研究で報告されたナメクジに匹敵する大きさですので、物理的にはタネを運ぶことはできそうです。まずは捕獲してきたヤマナメクジにトマトを切って与えると皮を残してきれいに食べつくしました。陸貝は歯舌（しぜつ）と呼ばれるざらざらした舌のような器官を使って、食べ物を削り取るようにして食事します。果肉と一緒にタネを食べても歯舌で削り取られていれば、タネは消化されてしまいます。翌日の飼育ケースの中には、トマトのタネが入ったウンチが見つかりました。傷ついた様子はありません。数日間放置したところ、タネから芽生えも確認できました。

そこで、生後数か月の1センチメートル程度の個体から体長15センチメートルを超える繁殖個体まで、さまざまな成長段階のヤマナメクジに給餌実験をしてみました。ヤマナメクジの生息場所にも分布し、アリがタネを運ぶ植物として、カタクリとホトケノザを与えてみましたが、まったく興味を示しませんでした。その後、ヤマナメクジの主食はきのこで、植物のタネではなく、きのこの胞子を運ぶことが明らかにされました（106ページ参照）。ヤマナメクジはタネを運ぶには十分な大きさですが、本来はきのこ好きだったのです。

カタツムリのウンチからも芽生える

ヤマナメクジはタネを運びませんでしたが、自宅で飼育していたノトマイマイ（＊2）のウンチからもトマトが発芽していることに気がつきました。トマトのタネが通過するなら、ほかのタネでも通過しそうです。陸貝がアクセスしやすい地表近くで果実が実り、タネが小さい植物に狙いを定めて文献を調べてみました。候補に挙がったのは、日本全国のあぜ道などで見られるヘビイチゴやヤブヘビイチゴでした（＊3）。哺乳類や鳥類が果実を食べる報告はありますが、赤い果実が目立つ割にいつまでも食べられずに残っている気もします。

まずは給餌実験です。40個体のノトマイマイのうち20個体にヘビイチゴ、残りの20個体にヤブヘビイチゴの果実を与え、ノトマイマイの採食行動を1分間隔のインターバル撮影で観察しました。半日もたたないうちにノトマイマイはすべての個体が果実を食べて、タネだらけのウンチをしました。ひとつのウンチにはタネが50個ほど入っていました。これらのウンチから回収したタネをまいてみたところ、ヘビイチゴで81%、ヤブヘビイチゴで82%と高い発芽率を示しました。いずれも果実から採集したタネをまいた発芽率と同程度の値で、ノトマイマイの体内を通過してもタネは発芽能力を保っていました。それでは、ノトマイマイはどのくらいの距離、タネを運ぶことができるのでしょうか。

＊2　石川県や富山県に分布するカタツムリの一種で、大型個体は殻径4センチメートルに達する。

＊3　バラ科キジムシロ属の植物で、果実（偽果）の大きさはヘビイチゴが11×9ミリメートル、ヤブヘビイチゴが16×13ミリメートル、タネ（痩果）の大きさはヘビイチゴが1.1×0.8ミリメートル、ヤブヘビイチゴが1.2×0.9ミリメートル。

ノトマイマイは最大時速1・3メートル

インターバル撮影の写真からノトマイマイは果実を食べてから、タネが入ったウンチをするまでにヘビイチゴで平均13時間、ヤブヘビイチゴで平均14時間かかりました。もっとも遅い場合、5日後にもヤブヘビイチゴのタネが排泄されました。ただし、ノトマイマイは食事後、ずっと動きまわっているわけではありません。休憩時間を差し引いた活動時間は10時間程度でした。あとは時速がわかれば、ノトマイマイがタネを運ぶ距離を計算できます。

ノトマイマイ30個体を野外に放し、1時間の移動距離から時速を計算すると、平均で時速0・6メートル、もっとも移動した個体では時速1・3メートルでした(*4)。このノトマイマイの時速と果実を食べてからウンチをするまでの活動時間を組み合わせ、タネを運ぶ距離を計算したところ、平均5～6メートル、最大10～12メートルと推定されました。アリと同じくらいの散布距離ですが、哺乳類や鳥類と比べるとずいぶん短い距離しか運べないようです。

ノトマイマイそのものがタネを遠くまで運ぶ可能性は低そうですが、タネはノトマイマイの体内に10時間以上、長い場合は5日間も滞留します。果実を食べた後のノトマイマイがタヌキやハシボソガラスなどの捕食者に食べられることで、体内のタネが二次散布される可能性もあります(78ページ参照)。哺乳類や鳥類の研究と比べると、日本の陸貝による果実食と種子散布の調査は始まったばかりです。これからも意外な発見がありそうな研究対象のひとつです。【北村俊平】

*4　ヤマナメクジでは5時間で最大10・2メートルの移動、時速に換算すると2メートル、ヨーロッパの *Arion rufus* では15時間で最大14・6メートルの移動、時速に換算すると約1メートルの報告がある。

小さな昆虫が運ぶ小さなタネ

2006年3月、自然科学分野の著名な学術誌のひとつサイエンス誌に「ウェタによる種子散布」という論文が掲載されました。対象生物のウェタ(*1)の写真とウンチに入っていたタネの発芽率を示した図からなるたった1ページの論文ですが、昆虫が果実を食べて、消化管内を通過したタネをまく証拠を示した世界初の報告です。

タネをまく巨大昆虫ウェタ

ほとんどの昆虫は植物のタネをかじりとることや、アリのように大あごでタネをくわえることはできても、口器(*2)や体の大きさが制限となり、タネをそのまま飲み込むことはできません。ところが、ニュージーランドに生息するウェタには、体重50グラムを超える種もいます。これだけ巨大な昆虫であれば、口器も大きく、飲み込んだタネをまくことができそうです。

ニュージーランドのヴィクトリア大学の研究者たちが、ウェタの一種を対象として、19種の果実の給餌実験を行いました。このうち14種はタネごと消化されましたが、残りの5種は消化管を通過したタネがウンチとともに排泄されました。発芽実験から、人間が果肉を取り除いてまいたタネよりも高い発芽率を示した種も見られたのです。さらに野外で採集したウェタのウ

*1　ニュージーランド固有のバッタ目カマドウマ科およびクロギリス科に属する昆虫の総称。昆虫としては、大型種が多く含まれている。

*2　昆虫など節足動物の口の周囲にあり、食べ物の摂取や咀しゃくに用いる器官を指す。

ンチからも植物のタネが見つかりました。ウェタのような大きさであれば、昆虫でも哺乳類や鳥類のようにタネをまいているのです。ただし、ニュージーランドは、コウモリなどの飛翔性哺乳類をのぞき、在来の哺乳類が存在しない地域です。ウェタがタネをまくようになったのは、ほかの場所では哺乳類が占めるニッチ（＊3）が空いていたニュージーランド独自の環境が影響しているとも考えられます。

＊3　それぞれの生物が必要とする資源の要素と生存可能な条件の組み合わせのことを指す。

キヨスミウツボの果実を食べるのは誰だ？

ウェタのような巨大昆虫はどこでも見られるわけではありませんが、果実を食べる昆虫は世界各地にいます。タネの大きさが物理的な制限になるのであれば、昆虫よりもずっと微細なタネ、埃種子（＊4）であれば、普通の大きさの昆虫でもタネを運べるかもしれません。このような埃種子をつける植物、たとえば多くのラン科植物では、小さく軽いタネが風に舞うことで運ばれます。一方、埃種子がみずみずしい液果に入った植物も見られますが、そのタネを運ぶ動物はながらく未解明でした。

＊4　埃のように小さくて大量につくられるタネで、わずかな風でも舞い上がり、運ばれる。

ウェタの論文が公表された2006年、日本で「キヨスミウツボの生活」という本が出版されました。キヨスミウツボはハマウツボ科の寄生植物で、ほかの植物の根に寄生します。夏の繁殖時期にのみ、白い地上部が出現し、地表付近で開花して、果実が実ります。直径1センチメートルの液果には、0・3×0・2ミリメートルの微細なタネ、埃種子が数百個含まれています。1992年から1994年にキヨスミウツボの果実をビデオカメラや自動撮影カメラで観察したところ、哺乳類と鳥類だけではなく、昆虫のカマドウマ類の訪問が記録されました。さらにマダラカマドウマ（＊5）に果実の給餌実験を行ったところ、ウンチからタネが見つかったのです。日本で1990年代にすでに普通の大きさの昆虫がタネをまく可能性が示唆されていたのです。

＊5　体長2～3センチメートルのバッタ目カマドウマ科の昆虫で、林内や人家などでも見られる普通種。

世界初の甲虫散布

2010年代になるとウェタ以外の昆虫もタネをまいている事実が見つかりはじめました。いずれもキヨスミウツボのような埃種子が入った液果をつける寄生植物です。スペインからは、甲虫類ゴミムシダマシの一種がキティヌス科のタネをまく事例が見つかりました。この果実を主に食べるのは、哺乳類のモリアカネズミやアナウサギですが、ゴミムシダマシが18％の果実を食べた地域もありました。果実の周辺で捕獲したゴミムシダマシが排泄したウンチを顕微鏡下で観察すると平均10個のタネが見つかりました。さらに試薬（＊6）を用いて、タネの生死を調べてみると、ゴミムシダマシの消化管を通過後もタネが生きていました。フンコロガシのようにほかの動物のウンチに入っていたタネを運ぶ甲虫類は古くから知られていましたが（116ページ参照）、ゴミムシダマシの事例は、世界初の甲虫の被食散布の証拠となりました。

＊6　埃種子は発芽に必要な条件を整えるのが難しいものが多く、発芽実験のかわりに、トリフェニルテトラゾリウムクロライドという酸化還元指示薬を用い、タネの生死を確認する手法が使われている。

次々見つかるタネまく小さきものたち

日本でもキヨスミウツボだけでなく、ラン科キバナノショウキランやショウキラン、ツツジ科ギンリョウソウなど光合成を行わず、菌類やほかの植物から栄養を奪って生きる植物で、昆虫が果実を食べて、タネを運ぶ証拠が集まってきました。いずれも地表付近で小さな目立たない果実を実らせます。ここで活躍したのが、防水仕様のデジタルカメラを利用したインターバル撮影法です。狙った果実の近くにデジタルカメラを設置し、一定間隔で撮影することで、哺乳類や鳥類を対象とした自動撮影カメラのセンサーでは反応しない小さな昆虫たちの食事風景をつぶさに観察できるのです（*7）。カマドウマ類、ゴキブリ類、甲虫類、アリ類、ハサミムシ類などの昆虫類、さらにザトウムシ類、トビムシ類、ワラジムシ類など、昆虫以外の節足動物も果実を食べる瞬間が写真に記録されました。この中で、タネを運んでいる証拠が得られた昆虫は、マダラカマドウマやコノシタウマなどのカマドウマ類、モリチャバネゴキブリ、コブハサミムシ、そして昆虫以外の節足動物では、外来種のワラジムシでした。

特にカマドウマ類は、いずれの植物種でもたくさんの果実を食べ、タネでいっぱいのウンチを排泄しました。カマドウマ類の消化管を通過したタネが生きていることは試薬で確認されただけではなく、コノシタウマがまいたショウキランのタネは野外条件でも発芽したのです。ギンリョウソウでは、モリチャバネゴキブリ、ハサミムシ類、ワラジムシなども果実を頻繁に訪問し、ウンチと一緒にタネをまくことがわかりました。なかでも全長1センチメートルのワラジムシは世界最小の被食散布動物です。ウェタのような巨大昆虫がいない日本の森でも人知れず小さな昆虫が果実を食べて、微細なタネをまいていたのです。埃種子が入った液果をつける植物では、今後もタネをまく小さきものたちが見つかる可能性がありそうです。【北村俊平】

カマドウマの仲間

*7　たとえば、2分間隔で撮影する設定にすれば、観察開始から24時間以内に果実を訪れる動物を24×60÷2＝720枚の写真として記録できる。

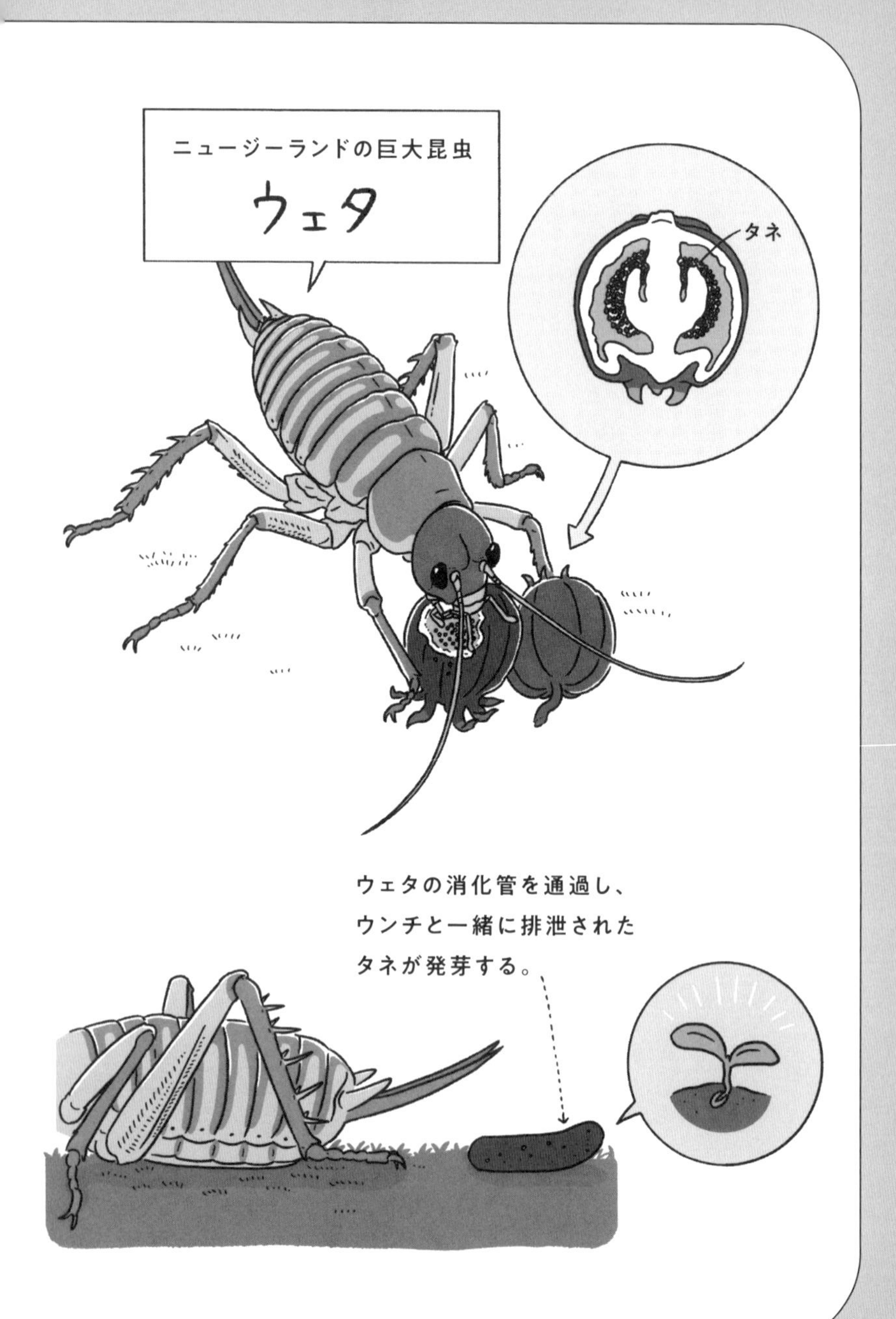
ニュージーランドの巨大昆虫
ウェタ
タネ
ウェタの消化管を通過し、
ウンチと一緒に排泄された
タネが発芽する。

インターバル撮影で果実を訪れる昆虫たちを観察

ギンリョウソウやキヨスミウツボの果実を
食べに集まる昆虫たちが多数記録されていた。

コラム 15

動物散布の経済価値

近年では、種子散布を生態系サービスの観点から評価した事例があります。スウェーデンでは、日本にも生息しているカケスを対象に(68ページ参照)、公園のシンボルであるナラ林を維持している彼らの貯食散布の経済価値が評価されました。種子散布を人が代替した場合、簡易な手法で代替した場合でも1ヘクタールあたり21万円、より確実な手法では94万円もの費用がかかると推定されました(1クローナを14円として計算)。カケスの1夫婦あたりに換算すると、それぞれ49万円と224万円になります。同様にアメリカでハイイロホシガラスによるマツの貯食散布の経済価値を評価した事例では、1ヘクタールあたり29～35万円と推定されました(1ドルを145円として計算)。このマツのアメリカ内の分布域全体で考えると、1.7～2.0兆円ということになります。どうでしょう、なかなか高額ですよね。また、動物に希少な在来植物のタネを散布してもらうため、在来植物のタネを混ぜ込んだ食べ物を野生動物に食べさせるといった試みも始まっています。【直江将司】

コラム16

果実を食べるカメ

タネを運んでいるのは、哺乳類や鳥類だけではありません。世界的には、12科70種のカメ類が少なくとも121科588種の果実を食べることが知られています。日本の水辺で見られる淡水性カメ類（ニホンイシガメ、クサガメ、ニホンスッポン、ミシシッピアカミミガメ）はいずれも雑食性です。岐阜県では、これら4種のカメのウンチから、少なくとも17種の果実やタネが見つかっており、どの種も地面や水辺に落ちた果実やタネをある程度、食べているのは間違いありません。たとえば、里山に暮らすニホンイシガメでは、秋になるとカキやアケビのタネが入ったウンチが見つかります。日々の歩みは遅くとも、カメ類が果実を食べて、タネを排泄するまでには数日間のタイムラグがあり、何百メートルもタネを運ぶ可能性もありそうです。哺乳類や鳥類で使われてきた調査手法をカメ類に応用することで、これまで見過ごされてきた日本のカメ類の種子散布者としての役割の解明が期待されています。【北村俊平】

カキや
アケビのタネを
運ぶこともある
ニホンイシガメ。

参考文献

【p.10-13】大きなクマが小さなタネを運ぶ(ツキノワグマ)

*Koike S (2009) Fruiting phenology and its effect on fruit feeding behavior of Asiatic black bears. Mammal Study 34: 47-52

*小池 伸介 (2018) ツキノワグマ—温帯アジアのメガファウナ—.(増田 隆一 編)日本の食肉目, 200-221. 東京大学出版会, 東京

*小池 伸介 (2019) ツキノワグマ.(小池 伸介, 山浦 悠一, 滝 久智 編著)森林と野生動物, 106-135. 共立出版, 東京

*小池 伸介 (2020) ツキノワグマのすべて: 森と生きる。. 文一総合出版, 東京

*Koike S, Kasai S, Yamazaki K, Furubayashi K (2008) Fruit phenology of *Prunus jamasakura* and the feeding habit of the Asiatic black bear as a seed disperser. Ecological Research 23: 385-392

*Koike S, Morimoto H, Goto Y, Kozakai C, Yamazaki K (2008) Frugivory of carnivores and seed dispersal of fleshy fruits in cool-temperate deciduous forests. Journal of Forest Research 13: 215-222

*Koike S, Masaki T, Nemoto Y, Kozakai C, Yamazaki K, Kasai S, Nakajima A, Kaji K (2011) Estimate of the seed shadow created by the Asiatic black bear (*Ursus thibetanus*) and its characteristics as a seed disperser in Japanese cool-temperate forest. Oikos 120: 280-290

*Koike S, Tochigi K, Yamazaki K (2023) Are seeds of trees with higher fruit production dispersed farther by frugivorous mammals? Journal of Forest Research 28: 64-72

【p.16-19】「個体差」がタネの運命を決める(ニホンザル)

*寺川 眞理, 松井 淳, 濱田 知宏, 野間 直彦, 湯本 貴和 (2008) ニホンザル不在の種子島におけるヤマモモの種子散布効果の減少. 保全生態学研究 13: 161-167

*Tsuji Y (2014) Inter-annual variation in characteristics of endozoochory by wild Japanese macaques. PLoS ONE 9: e108155

*Tsuji Y, Morimoto M (2016) Endozoochorous seed dispersal by Japanese macaques (*Macaca fuscata*): Effects of temporal variation in ranging and seed characteristics on seed shadows. American Journal of Primatology 78: 185-191

*Tsuji Y, Su HH (2018) Macaques as seed dispersal agents in Asian forests: A review. International Journal of Primatology 39: 356-376

*Tsuji Y, Campos-Arceiz A, Prasad S, Kitamura S, McConkey K (2020) Intraspecific differences in seed dispersal caused by differences in social rank and mediated by food availability. Scientific Reports 10: 1532

【p.22-25】トイレにタネをまく(タヌキ)

＊Osugi S, Trenti EB, Koike S (2020) What determines the seedling viability of different tree species in raccoon dog latrines?. Acta Oecologica 106: 103604
＊Osugi S, Trenti EB, Koike S (2022) Effects of human activity on the fallen-fruit foraging behavior of Carnivora in an urban forest. Mammal Study 47: 113-123
＊Mise Y, Soga M, Yamazaki K, Koike S (2016) Comparing methods of acquiring mammalian endozoochorous seed dispersal distance distributions. Ecological Research 31: 881-889
＊Sakamoto Y, Takatsuki S (2015) Seeds recovered from the droppings at latrines of the raccoon dog (*Nyctereutes procyonoides viverrinus*): The possibility of seed dispersal. Zoological Science 32: 157-162

【p.28】口からタネをまく

＊McConkey KR, Sushma HS, Sengupta A (2024) Seed dispersal by frugivores without seed swallowing: Evaluating the contributions of stomatochoric seed dispersers. Functional Ecology 38: 480-499
＊大森 鑑能, 飯田 悠太, 細井 栄嗣 (2024) ニホンジカの反芻中の吐き出しによるヤマモモの種子散布の可能性と散布後の種子の発芽率に与える影響. 哺乳類科学 64: 79-87

【p.29】どこでウンチする?

＊Tochigi K, Steyaert S, Naganuma T, Yamazaki K, Koike S (2022) Differentiation and seasonality in suitable microsites of seed dispersal by an assemblage of omnivorous mammals. Global Ecology and Conservation 40: e02335

【p.30-33】肉食獣だって果物が好き!(ニホンテン)

＊Tsuji Y, Ito TY, Kaneko Y (2019) Variation in the diets of Japanese martens, *Martes melampus*. Mammal Review 49: 121-128
＊Tsuji Y, Konta T, Akbar MA, Hayashida M (2020) Effects of Japanese marten (*Martes melampus*) gut passage on germination of *Actinidia arguta* (Actinidiaceae): Implications for seed dispersal. Acta Oecologica 105: 103578
＊Tsuji Y, Okumura T, Kitahara M, Jiang ZW (2016) Estimated seed shadow generated by Japanese martens (*Martes melampus*): Comparison with forest-dwelling animals in Japan. Zoological Science 33: 352-357
＊Tsuji Y, Tatewaki T, Kanda E (2011) Endozoochorous seed dispersal by sympatric mustelids, *Martes melampus* and *Mustela itatsi*, in western Tokyo, central Japan. Mammalian Biology 76: 628-633

【p.34-37】ときにうっかり、ときに賢い!(ネズミの仲間)

＊後藤 真平, 林田 光祐 (2002) 河畔域におけるオニグルミの齧歯類による種子散布と実生の定着. 日本林學會誌 84: 1-8

＊平田 令子, 高松 希望, 中村 麻美, 渕上 未来, 畑 邦彦, 曽根 晃一 (2007) アカネズミによるスギ人工林へのマテバシイの堅果の二次散布. 日本生態学会誌 89: 113-120

＊Kurek P, Dobrowolska D, Wiatrowska B (2019) Dispersal distance and burial mode of acorns in Eurasian jays *Garrulus glandarius* in European temperate forests. Acta Ornithologica 53: 155-162

＊箕口 秀夫 (1996) 野ネズミからみたブナ林の動態：ブナの更新特性と野ネズミの相互関係(ブナ林生態系のダイナミクス最新の研究成果から). 日本生態学会誌 46: 185-189

＊Muñoz A, Bonal R (2008) Are you strong enough to carry that seed? Seed size/body size ratios influence seed choices by rodents. Animal Behaviour 76: 709-715

＊Muñoz A, Bonal R(2008)Seed choice by rodents: Learning or inheritance? Behavioral Ecology and Sociobiology 62: 913-922

＊Takahashi K, Sato K, Washitani I (2006) The role of the wood mouse in *Quercus serrata* acorn dispersal in abandoned cut-over land. Forest Ecology and Management 229: 120-127

＊Takahashi K, Sato K, Washitani I (2007) Acorn dispersal and predation patterns of four tree species by wood mice in abandoned cut-over land. Forest Ecology and Management 250: 187-195

＊Takahashi K, Kamitani T (2013) Is there a risk-dilution effect of naturally fallen fruits on post-dispersal seed predation by wood mice? Annals of Forest Science 70: 381-390

＊高橋 一秋, 横内 はるひ (2023) シギゾウムシ類(*Curculio* spp.)による食害がブナ科堅果の発芽に及ぼす影響. 日本森林学会誌 105: 365-374

＊Vander Wall SB (1990) Food hoarding in animals. The University of Chicago Press, Chicago

＊Xiang H, Bo Z, Ning HAN, Tuo F, Jing W, Xiaoning C, Gang C (2020) Differences in feeding and hoarding behaviors between intact and weevil-infested seeds of *Quercus aliena* var. *acuteserrata* by *Apodemus draco* and *Niviventer confucianus* under enclosure conditions. Acta Theriologica Sinica 40: 390-397

＊Yi X, Wang Z (2015) Dissecting the roles of seed size and mass in seed dispersal by rodents with different body sizes. Animal Behaviour 107: 263-267

【p.40-43】森のタネまき名人(リスの仲間)

＊後藤 真平, 林田 光祐 (2002) 河畔林におけるオニグルミの齧歯類による種子散布と実生の定着. 日本林学会誌 84: 1-8

＊林田 光祐 (1988) エゾリスの社会行動が分散貯蔵の様式に与える影響. 北海道大学農学部演習林研究報告 45: 267-278

＊川道 美枝子, 川道 武男, 山田 登美子, 井尻 憲司, 岡崎 幸子 (1983) シマリスの巣の構造とその利用. 知床博物館研究報告 5: 41-52
＊Lee TH (2002) Feeding and hoarding behaviour of the Eurasian red squirrel *Sciurus vulgaris* during autumn in Hokkaido, Japan. Acta Theriologica 47: 459-470
＊松井 理生, 後藤 晋, 岡村 行治 (2004) エゾリスとアカネズミによるオニグルミ核果の捕食および貯食行動. 森林立地 46: 41-46
＊森井 渚, 南 佳典, 沖津 進 (2015) オニグルミの分布からみたげっ歯類による貯食行動の影響. 森林立地 57: 1-6
＊百原 新 (2017) 鮮新・更新世の日本列島の地形発達と植生・植物相の変遷. 第四紀研究 56: 251-264
＊Steele MA, Yi X (2020) Squirrel-seed interactions: The evolutionary strategies and impact of squirrels as both seed predators and seed dispersers. Frontiers in Ecology and Evolution 8: 259
＊田村 典子 (2011) リスの生態学. 東京大学出版会, 東京
＊Tamura N, Hashimoto Y, Hayashi F (1999) Optimal distances for squirrels to transport and hoard walnuts. Animal Behaviour 58: 635-642
＊Tamura N, Kastuki T, Hayashi F (2005) Walnut seed dispersal: Mixed effects of tree squirrels and field mice with different hoarding ability. In: Forget PM, Lambert JE, Hulme PE, Vander Wall SB (eds), Seed Fate: Predation, Dispersal and Seedling Establishment 241-252. CABI Publishing, Wallingford
＊Tamura N, Hayashi F (2008) Geographic variation in walnut seed size correlates with hoarding behaviour of two rodent species. Ecological Research 23: 607-614
＊坪田 譲治, 伊勢 正義 (1973) りすとかしのみ. 岩波書店, 東京

【p.46】タネが出るまでの時間

＊Yoshikawa T, Kawakami K, Masaki T (2019) Allometric scaling of seed retention time in seed dispersers and its application to estimation of seed dispersal potentials of theropod dinosaurs. Oikos 128: 836-844

【p.47】シカとシバ

＊高槻 成紀 (2015) 食べられて生きる草の話(たくさんのふしぎ2015年10月号). 福音館書店, 東京

【p.48-51】南の島のオオコウモリ(オオコウモリ)

＊McConkey KR, Drake DR (2006) Flying foxes cease to function as seed dispersers long before they become rare. Ecology 87: 271-276
＊Nakamoto A, Sakugawa K, Kinjo K, Izawa M (2007) Feeding effects of Orii's flying-fox (*Pteropus dasymallus inopinatus*) on seed germination of subtropical trees on Okinawa-jima Island. Tropics 17: 43-50

*Nakamoto A, Kinjo K, Izawa M (2009) The role of Orii's flying-fox (*Pteropus dasymallus inopinatus*) as a pollinator and a seed disperser on Okinawa-jima Island, the Ryukyu Archipelago, Japan. Ecological Research 24: 405-414
*Nakamoto A, Itabe S, Sato A, Kinjo K, Izawa M (2011) Geographical distribution pattern and interisland movements of Orii's flying fox in Okinawa Islands, the Ryukyu Archipelago, Japan. Population Ecology 53: 241-252
*Whittaker RJ, Jones SH (1994) The role of frugivorous bats and birds in the rebuilding of a tropical forest ecosystem, Krakatau, Indonesia. Journal of Biogeography 21: 245-258

【p.54-57】哺乳類にくっつくタネ

*Couvreur M, Vandenberghe B, Verheyen K, Hermy M (2004) An experimental assessment of seed adhesivity on animal furs. Seed Science Research 14: 147-159
*Izawa K (1997) Seed dispersers of the monocarpic herbaceous bamboo *Pharus virescens* (Poaceae: Bambusoideae) found in the Neotropical rain forest of La Macarena and Tinigua National Parks of Colombia. Tropics 7: 153-159
*Liehrmann O, Jégoux F, Guilbert MA, Isselin-Nondedeu F, Saïd S, Locatelli Y, Baltzinger C (2018) Epizoochorous dispersal by ungulates depends on fur, grooming and social interactions. Ecology and Evolution 8: 1582-1594
*Manzano P, Malo JE (2006) Extreme long-distance seed dispersal via sheep. Frontiers in Ecology and the Environment 4: 244-248
*Nakanishi H (2000) Ecological characteristics of epizoochorous plants in southern Japan. Journal of Phytogeography 48: 25-33
*Picard M, Baltzinger C (2012) Hitch-hiking in the wild: Should seeds rely on ungulates? Plant Ecology and Evolution 145: 24-30
*Rosas CA, Engle DM, Shaw JH, Palmer MW (2008) Seed dispersal by *Bison bison* in a tallgrass prairie. Journal of Vegetation Science 19: 769-778
*Sato K, Goto Y, Koike S (2023) Seed attachment by epizoochory depends on animal fur, body height, and plant phenology. Acta Oecologica 119: 103914
*Sorensen AE (1986) Seed dispersal by adhesion. Annual Review of Ecology and Systematics 17: 443-463

【p.58】毒に耐性のある運び屋

*Yoshikawa T (2023) The large Japanese field mouse (*Apodemus speciosus*) as a consumer and potential disperser of seeds of the neurotoxic Japanese star anise (*Illicium anisatum*). Mammal Study 48: 131-135
*Yoshikawa T, Masaki T, Motooka M, Hino D, Ueda K (2018) Highly toxic seeds of the Japanese star anise *Illicium anisatum* are dispersed by a seed-caching bird and a rodent. Ecological Research 33: 495–504

【p.59】丸飲みする鳥、大歓迎!

＊小林 禧樹, 北村 俊平, 邑田 仁 (2017) 日本産テンナンショウ属(サトイモ科)の果実熟期の分化と鳥類による種子散布. 植物研究雑誌 92: 199-213
＊前田 夏樹, 髙橋 一秋 (2021) テンナンショウ属の開花, 結実, 花粉媒介, 種子散布—浅間山の事例—. 長野大学紀要 42: 267-301
＊大石 里歩子, 前田 大成, 北村 俊平 (2020) 日本の温帯林におけるサトイモ科カントウマムシグサの種子散布者としての鳥類の有効性：果実の持ち去り量と発芽への影響. Bird Research 16: A1-A14
＊自然毒のリスクプロファイル：高等植物：テンナンショウ類 https://www.mhlw.go.jp/stf/seisakunitsuite/bunya/0000077665.html 2023/12/09 アクセス
＊Suzuki T, Maeda N (2014) Frugivores foraging on a Japanese species of the Jack-in-the-Pulpit, *Arisaema angustatum* (Araceae), with reference to the general framework of the links between *Arisaema* and its major frugivore groups in Japan. Biogeography 16: 79-85
＊Suzuki T, Maeda N (2014) Frugivores of poisonous herbaceous plants *Arisaema* spp. (Araceae) in the southern Kanto district, central Japan. Journal of the Yamashina Institute for Ornithology 45: 77-91

【p.60】毒があっても魅力的!

＊Fukui AW (1995) The role of the brown-eared bulbul *Hypsypetes amaurotis* as a seed dispersal agent. Researches on Population Ecology 37: 211-218
＊Gosper CR, Vivian-Smith G (2010) Fruit traits of vertebrate-dispersed alien plants: Smaller seeds and more pulp sugar than indigenous species. Biological Invasions 12: 2153-2163
＊勝羽 芳直, 北村 俊平 (2018) 自動撮影カメラを用いた鳥類による果実食の定量化：日本における外来植物ヨウシュヤマゴボウの事例研究. 石川県立自然史資料館研究報告 8: 21-33
＊北川 尚史 (2003) ヨウシュヤマゴボウの果実の毒性と種子散布. 奈良植物研究 26: 1-6
＊直江 将司 (2015) わたしの森林研究—鳥のタネまきに注目して. さ・え・ら書房, 東京
＊自然毒のリスクプロファイル：高等植物：ヨウシュヤマゴボウ https://www.mhlw.go.jp/stf/seisakunitsuite/bunya/0000079871.html　2023/12/09アクセス

【p.62-65】魚を食べる海鳥もタネを運んでいる?(海鳥)

＊Aoyama Y, Kawakami K, Chiba S (2012) Seabirds as adhesive seed dispersers of alien and native plants in the oceanic Ogasawara Islands, Japan. Biodiversity and Conservation 21: 2787-2801
＊藤田 卓, 高山 浩司, 朱宮 丈晴, 加藤 英寿 (2008) 南硫黄島の維管束植物相. Ogasawara Research 33: 49-62

＊川上 和人, 鈴木 創, 千葉 勇人, 堀越 和夫 (2008) 南硫黄島の鳥類相. Ogasawara Research 33: 111-127
＊川上 和人, 鈴木 創, 堀越 和夫, 川口 大朗 (2017) 2017年における南硫黄島の鳥類相 Ogasawara Research 44: 217-250

【p.68-71】カケスを追いかける（カケス）

＊中村 浩志 (1998) 森の新聞11 カケスの森. フレーベル館, 東京
＊西 鈴音, 平田 令子, 伊藤 哲 (2023) 煮沸によるマテバシイ堅果の発芽・発根能力消失実験およびカケスによる堅果の持ち去り試験. 九州森林研究 76: 107-110
＊Pons J, Pausas JG (2007) Acorn dispersal estimated by radio-tracking. Oecologia 153: 903-911
＊Pérez-Camacho L, Villar-Salvador P, Cuevas JA, González-Sousa T, Martínez-Baroja L (2023) Spatial decision-making in acorn dispersal by Eurasian jays around the forest edge: Insights into oak forest regeneration mechanisms. Forest Ecology and Management 545: 121291

【p.72-75】マツの分布拡大を支えるホシガラス（ホシガラス）

＊Cramp S (ed) (1994) Handbook of the Birds of Europe the Middle East and North Africa: The Birds of the Western Palearctic Volume 8. Oxford University Press, Oxford
＊Hayashida M (2003) Seed dispersal of Japanese stone pine by the Eurasian Nutcracker. Ornithological Science 2: 33-40
＊梶本 卓也 (1995) ハイマツの生態－とくに物質生産と更新過程について－. 日本生態学会誌 45: 57-72
＊河辺 久男 (1999) ホシガラスの生態. BIRDER 13: 34-39
＊中村 登流, 中村 雅彦 (1995) 原色日本野鳥生態図鑑<陸鳥編>. 保育社, 大阪
＊西 教生, 別宮（坂田）有紀子 (2015) ハイマツのない富士山でゴヨウマツの種子を貯食するホシガラス. Strix 31: 113-123
＊斉藤 新一郎 (2003) 木と動物の森づくり 樹木の種子散布作戦. 八坂書房, 東京
＊谷 尚樹 (2014) 日本の森林樹木の地理的遺伝構造（5）ゴヨウマツ（マツ科マツ属）. 森林遺伝育種 3: 73-77
＊谷 尚樹 (2015) 日本の森林樹木の地理的遺伝構造（9）ハイマツ（マツ科マツ属）. 森林遺伝育種 4: 71-76

【p.78】肉食鳥類の種子散布

＊Grant PR, Smith JNM, Grant BR, Abbott IJ, Abbot LK (1975) Finch numbers, owl predation and plant dispersal on Isla Daphne Major, Galápagos. Oecologia 19: 239-257
＊Navarro-Ramos MJ, Green AJ, Lovas-Kiss A, Roman K, Brides K, van Leeuwen CHA (2022) A predatory waterbird as a vector of plant seeds and aquatic invertebrates.

Freshwater Biology 67: 657-671
*Padilla DP, González-Castro A, Nogales M (2012) Significance and extent of secondary seed dispersal by predatory birds on oceanic islands: The case of the Canary archipelago. Journal of Ecology 100: 416-427

【p.79】魚類の種子散布

*Correa SB, Costa-Pereira R, Fleming T, Goulding M, Anderson JT (2015) Neotropical fish-fruit interactions: Eco-evolutionary dynamics and conservation. Biological Reviews 90: 1263-1278
*Horn MH, Correa SB, Parolin P, Pollux BJA, Anderson JT, Lucas C, Widmann P, Tjiu A, Galetti M, Goulding M (2011) Seed dispersal by fishes in tropical and temperate fresh waters: The growing evidence. Acta Oecologica 37: 561-577

【p.80-83】日本中でタネをまくヒヨドリ（ヒヨドリ）

*Fujitsu A, Masaki T, Naoe S, Koike S (2016) Factors influencing quantitative frugivory among avian species in a cool temperature forest. Ornithological Science 15: 75-84
*Fukui AW (1995) The role of the Brown-eared bulbul *Hypsypetes amaroutis* as a seed dispersal agent. Researches on Population Ecology 37: 211-218
*Fukui A (2003) Relationship between seed retention time in bird's gut and fruit characteristics. Ornithological Science 2: 41-48
*Hamada A, Hanya G (2016) Frugivore assemblage of *Ficus superba* in a warm-temperate forest in Yakushima, Japan. Ecological Research 31: 903-911
*羽田 健三, 小林 建夫 (1967) ヒヨドリの生活史に関する研究1. 繁殖生活(1965,'66年度). 山階鳥類研究所研究報告 5: 61-71
*叶内 拓哉 (2021) 野鳥と木の実ハンドブック増補改訂版. 文一総合出版, 東京
*Kato D, Koike S (2018) The dispersal effectiveness of avian species in Japanese temperate forest. Ornithological Science 17: 173-185
*Kim E-M, Kang C-W, Won H-K, Song K-M, Oh M-R (2015) The status of fruits consumed by brown-eared bulbul (*Hypsypetes amaurotis*) as a seed dispersal agent on Jeju Island. Journal of the Korean Society of Environmental Restoration Technology 18: 53-69
*中川 皓陽, 北村 俊平 (2017) 中部日本のスギ林における常緑低木ヒメアオキの量的に有効な種子散布者はヒヨドリである. Bird Research 13: A55-A68
*Nakanishi N (1996) Fruit color and fruit size of bird-disseminated plants in Japan. Vegetatio 123: 207-218
*西野 貴晴, 北村 俊平 (2022) 中部日本のスギ林に生育するキイチゴ類3種の量的に有効な種子散布者. Bird Research 18: A1-A19
*Schupp EW, Jordano P, Gómez JM (2010) Seed dispersal effectiveness revisited: A conceptual review. New Phytologist 188: 333-353

*Suetsugu K, Funaki S, Takahashi A, Ito K, Yokoyama T (2018) Potential role of bird predation in the dispersal of flightless stick insects. Ecology 99: 1504-1506
*Suetsugu K, Nozaki T, Hirota SK, Funaki S, Ito K, Isagi Y, Suyama Y, Kaneko S (2023) Phylogeographical evidence for historical long-distance dispersal in the flightless stick insect *Ramulus mikado*. Proceedings of the Royal Society B: Biological Sciences 290: 20231708
*寺川 眞理, 松井 淳, 濱田 知宏, 野間 直彦, 湯本 貴和 (2008) ニホンザル不在の種子島におけるヤマモモの種子散布効果の減少. 保全生態学研究 13: 161-167
*植田 睦之, 植村 慎吾 (2021) 全国鳥類繁殖分布調査報告 日本の鳥の今を描こう 2016-2021年. 鳥類繁殖分布調査会, 東京
*Yamazaki Y, Naoe S, Masaki T, Isagi Y (2016) Temporal variations in seed dispersal patterns of a bird-dispersed tree, *Swida controversa* (Cornaceae), in a temperate forest. Ecological Research 31: 165-176
*Yoshikawa T, Isagi Y, Kikuzawa K (2009) Relationships between bird-dispersed plants and avian fruit consumers with different feeding strategies in Japan. Ecological Research 24: 1301-1311
*Yoshikawa T, Isagi Y (2012) Dietary breadth of frugivorous birds in relation to their feeding strategies in the lowland forests of central Honshu, Japan. Oikos 121: 1041-1052
*Yoshikawa T, Osada Y (2015) Dietary compositions and their seasonal shifts in Japanese resident birds, estimated from the analysis of volunteer monitoring data. PLoS ONE, 10: e0119324
*吉川 徹朗 (2019) 揺れうごく鳥と樹々のつながり-裏庭と書庫からはじめる生態学-. 東海大学出版部, 神奈川
*Wada S, Kawakami K, Chiba S (2012) Snails can survive passage through a bird's digestive system. Journal of Biogeography 39: 69-73
*山口 恭弘 (2004) ヒヨドリの全国移動と農作物被害. 農業技術 59: 29-34
*山口 良彦, 林田 光祐 (2009) アオキミタマバエによる虫えい形成がヒメアオキの実生更新に及ぼす影響. 日本森林学会誌 91: 159-167

【p.84-87】小さなメジロがつなぐ大きな輪(メジロ)

*Abe H, Hasegawa M (2008) Impact of volcanic activity on a plant-pollinator module in an island ecosystem: The example of the association of *Camellia japonica* and *Zosterops japonica*. Ecological Research 23: 141-150
*阿部 晴恵, 長谷川 雅美 (2011) 植物の繁殖に関わる生物間相互作用: ヤブツバキとメジロが三宅島の森林生態系回復に果たす役割. 日本生態学会誌 61: 185-195
*Abe H, Matsuki R, Ueno S, Nashimoto M, Hasegawa M (2006) Dispersal of *Camellia japonica* seeds by *Apodemus speciosus* revealed by maternity analysis of plants and behavioral observation of animal vectors. Ecological Research 21: 732-740
*Abe H, Ueno S, Tsumura Y, Hasegawa M (2011) Expanded home range of pollinator

birds facilitates greater pollen flow of *Camellia japonica* in a forest heavily damaged by volcanic activity. In: Isagi Y, Suyama Y (eds), Single-Pollen Genotyping, 47-62. Springer Japan, Tokyo
＊Abe H, Takahashi T, Hasegawa M (2014) Effects of volcanic disturbance on the reproductive success of *Eurya japonica* and its reproductive mutualisms. Plant Ecology 215: 1361-1372
＊Abe H, Ueno S, Takahashi T, Tsumura Y, Hasegawa M (2013) Resilient plant-bird interactions in a volcanic island ecosystem: Pollination of Japanese camellia mediated by the Japanese white-eye. PLoS ONE 8: e62696
＊Chimera CG, Drake DR (2010) Patterns of seed dispersal and dispersal failure in a Hawaiian dry forest having only introduced birds. Biotropica 42: 493-502
＊Fontain C (2013) Abundant equals nested. Nature 500: 411-412
＊Kamei Y, Ohkawara K (2022) Specific interactions in seed dispersal by the Japanese white-eye *Zosterops japonicus*: Factors influencing its preference for two plant species, *Aralia elata* and *Zanthoxylum ailanthoides*. Ecological Research 37: 417-424
＊Kawakami K, Mizusawa L, Higuchi H (2009) Re-established mutualism in a seed dispersal system consisting of native and introduced birds and plants on the Bonin Islands, Japan. Ecological Research 24: 741-748
＊Kominami Y, Sato T, Takeshita K, Manabe T, Endo A, Noma N (2003) Classification of bird-dispersed plants by fruiting phenology, fruit size, and growth form in a primary lucidophyllous forest: An analysis, with implications for the conservation of fruit-bird interactions. Ornithological Science 2: 3-23
＊Pejchar L (2015) Introduced birds incompletely replace seed dispersal by a native frugivore. AoB PLANTS 7: plv072
＊Suweis S, Simini F, Banavar JR, Maritan A (2013) Emergence of structural and dynamical properties of ecological mutualistic networks. Nature 500: 449-452

【p.88-91】たくさんのタネをより遠くへ運ぶ(カラスの仲間)

＊Bruderer B, Boldt A (2001) Flight characteristics of birds: I. rador measurements of speeds. Ibis 143: 178-204
＊Fujita M, Koike F (2009) Landscape effects on ecosystems: birds as active vectors of nutrient transport to fragmented urban forests versus forest-dominated landscapes. Ecosystems 12: 391–400
＊Fukui A (2003) Relationship between seed retention time in bird's gut and fruit characteristics. Ornithological Science 2: 41-48
＊池田真次郎 (1957) カラス科に属する鳥類の食性に就いて　鳥獣調査報告 16: 1-123
＊Stanley MC, Lill A (2002) Does seed packaging influence fruit consumption and seed passage in an avian frugivore? Condor 104: 136-145
＊山岸哲 (1962) カラスの就塒行動について: 第1報 長野県下での秋冬の塒について. 日本生態学会誌 12: 54–59

*Yoshikawa T, Kawakami K, Masaki T (2019) Allometric scaling of seed retention time in seed dispersers and its application to estimation of seed dispersal potentials of theropod dinosaurs. Oikos 128: 836-844

【p.92】渡り鳥の種子散布

*Viana DS, Gangoso L, Bouten W, Figuerola J (2016) Overseas seed dispersal by migratory birds. Proceedings of the Royal Society B: Biological Sciences 283: 20152406

【p.93】水鳥の種子散布

*Green AJ, Baltzinger C, Lovas-Kiss Á (2022) Plant dispersal syndromes are unreliable, especially for predicting zoochory and long-distance dispersal. Oikos 2022: e08327
*Lovas-Kiss Á, Martín-Vélez V, Brides K, Wilkinson DM, Griffin LR, Green AJ (2023) Migratory geese allow plants to disperse to cooler latitudes across the ocean. Journal of Biogeography 50: 1602-1614

【p.94-97】果実と鳥が織りなすネットワーク（渡り鳥）

*Bascompte J, García MB, Raúl Ortega R, Rezende EL, Pironon S (2019) Mutualistic interactions reshuffle the effects of climate change on plants across the tree of life. Science Advances 5: eaav2539
*Bascompte J, Jordano P (2007) Plant-animal mutualistic networks: The architecture of biodiversity. Annual Review of Ecology, Evolution, and Systematics 38: 567-593
*Davidar P, Morton ES (1986) The relationship between fruit crop sizes and fruit removal rates by birds. Ecology 67: 262-265
*Dehling DM, Jordano P, Schaefer HM, Böhning-Gaese K, Schleuning M (2017) Morphology predicts species' functional roles and their degree of specialization in plant-frugivore interactions. Proceedings of the Royal Society B: Biological Sciences 283: 20152444
*Endler JA, Mielke PW (2005) Comparing entire colour patterns as birds see them. Biological Journal of the Linnean Society 86: 405-431
*Fukui A (2003) Relationship between seed retention time in bird's gut and fruit characteristics. Ornithological Science 2: 41-48
*濱尾 章二, 宮下 友美, 萩原 信介, 森 貴久 (2010) 都市緑地における越冬鳥による種子散布及び口角幅と果実の大きさの関係. 日本鳥学会誌 59: 139-147
*Jordano P (2013) Fruits and Frugivory. In: Gallagher RJ (ed), Seeds: The ecology of regeneration in plant communities, 125-166. CABI, Wallingford
*Jordano P, García C, Godoy JA, García-Castano JL (2007) Differential contribution of frugivores to complex seed dispersal patterns. Proceedings of the National Academy of

Sciences 104: 3278-3282

＊Morales JM, Rivarola MD, Amico G, Carlo TA (2012) Neighborhood effects on seed dispersal by frugivores: Testing theory with a mistletoe-marsupial system in Patagonia. Ecology 93: 741-748

＊Nakanishi N (1996) Fruit color and fruit size of bird-disseminated plants in Japan. Vegetatio 123: 207-218

＊Nowak L, Schleuning M, Bender IMA, Böhning-Gaese K, Dehling DM, Fritz SA, Kissling WD, Mueller T, Neuschulz EL, Pigot AL, Sorensen MC, Donoso I (2022) Avian seed dispersal may be insufficient for plants to track future temperature change on tropical mountains. Global Ecology and Biogeography 31: 848-860

＊Ohkawara K, Kimura K, Satoh F (2022) Long-term dynamics of the network structures in seed dispersal associated with fluctuations in bird migration and fruit abundance patterns. Oecologia 198: 457-470

＊Ohkawara K, Kimura K, Satoh F (2023) How many seeds can birds disperse?: Determining the pattern of seed deposition by frugivorous birds. Acta Oecologica 121: 103958

＊Wheelwright NT (1985) Fruit size, gape width, and the diet of fruit-eating birds. Ecology 66: 808-818

＊Willson MF, Thompson JN (1982) Phenology and ecology of color in bird-dispersed fruits, or why some fruits are red when they are "green". Canadian Journal of Botany 60: 701-713

【p.100-103】島から島へタネを運ぶハト(カラスバト)

＊Ando H, Mori Y, Nishihiro M, Mizukoshi K, Akaike M, Kitamura W, Sato NJ (2022) Highly mobile seed predators contribute to interisland seed dispersal within an oceanic archipelago. Oikos 2022: e08068

＊Baptista LF, Trail PW, Horblit HM, Juana E, Sharpe CJ, Boesman PFD (2020) Black Wood Pigeon (*Columba janthina*), version 1.0. In: del Hoyo J, Elliott A, Sargatal J, Christie DA, Juana (eds), Birds of the World, Cornell Lab of Ornithology, Ithaca

＊Gillespie RG, Baldwin BG, Waters JM, Fraser CI, Nikula R, Roderick GK (2012) Long distance dispersal: A framework for hypothesis testing. Trends in Ecology & Evolution 27: 47-56

＊伊豆諸島自然史研究会 (2015) 八丈小島の保全と利用のための基礎調査事業報告書. 伊豆諸島自然史研究会, 東京

＊Wu Z-Y, Milne RI, Liu J, Nathan R, Corlett RT, Li D-Z (2022) The establishment of plants following long-distance dispersal. Trends in Ecology & Evolution 38: 289-300

【p.106】きのことヤマナメクジ

＊Kitabayashi K, Kitamura S, Tuno N(2022) Fungal spore transport by omnivorous mycophagous slug in temperate forest. Ecology and Evolution 12: e8565 【p.107】ヤシの実は小さくなる

*Galetti M, Guevara R, Côrtes MC, Fadini R, Matter SV, Leite AB, Labecca F, Ribeiro T, Carvalho CS, Collevatti RG, Pires MM, Guimarães PR, Brancalion PH, Ribeiro MC, Jordano P (2013) Functional extinction of birds drives rapid evolutionary changes in seed size. Science 340: 1086-1090

【p.108】八百屋で感じる種子散布

*Fukano Y, Tachiki Y (2021) Evolutionary ecology of climacteric and non-climacteric fruits. Biology Letters 17: 20210352

【p.110-113】小さなアリの大きな役割(アリ)

*Beattie AJ (1985) The dispersal of seeds and fruits by ants. In Beattie AJ (ed), The Evolutionary Ecology of Ant-Plant Mutualisms, 73-95. Cambridge University Press, Cambridge

*Fokuhl G, Heinze J, Poschlod P (2007) Colony growth in *Myrmica rubra* with supplementation of myrmecochorous seeds. Ecological Research 22: 845-847

*Giladi I (2007) Choosing benefits or partners: A review of the evidence for the evolution of myrmecochory. Oikos 112: 481-492

*Gorb E, Gorb S (2003) Seed Dispersal by Ants in a Deciduous Forest Ecosystem, Mechanisms, Strategies, Adaptations. Kluwer Academic Publishers, Dordrecht

*Hughes L, Westoby M (1992) Effect of diaspore characteristics on removal of seeds adapted for dispersal by ants. Ecology 73: 1300-1312

*Kawano S, Ohara M, Utech FH (1992) Life history studies on the genus *Trillium* (Liliaceae) VI. Life history characteristics of three Western North American species and their evolutionary-ecological implications. Plant Species Biology 7: 21-36

*Kjellsson G (1985) Seed fate in a population of *Carex pilulifera* L. : I. Seed dispersal and ant-seed mutualism. Oecologia 67: 416-423

*Konečná M, Lisner A, Blažek P, Pech P, Lepš J (2023) Evaluation of seed-dispersal services by ants at a temperate pasture: Results of direct observations in an ant suppression experiment. Ecology and Evolution 13: e10569

*Levey DJ, Byrne MM (1993) Complex ant-plant interactions: Rain forest ants as secondary dispersers and post-dispersal seed predators. Ecology 74: 1802-1812

*Miller CN, Whitehead SR, Kwit C (2020) Effects of seed morphology and elaiosome chemical composition on attractiveness of five *Trillium* species to seed-dispersing ants. Ecology and Evolution 10: 2860-2873

*中西 弘樹 (1988) 日本の暖温帯に分布するアリ散布植物. 日本生態学会誌 38: 169-176

*O'Dowd DJ, Gill AM (1986) Seed dispersal syndromes in Australian Acacia. In: Murray

DN (ed) Seed dispersal, 87-121. Academic Press, Queensland
＊Ohkawara K, Higashi S, Ohara M (1996) Effects of ants, ground beetles and the seed-fall patterns on myrmecochory of *Erythronium japonicum* Decne (Liliaceae) Oecologia 106: 500-506
＊大河原 恭祐 (1999) アリによる種子散布の進化と起源. 個体群生態学会会報 56: 1-11
＊Westoby M, Rice B, Shelley MJ, Haig D, Kohen JL (1982) Plants use of ants for dispersal at West Head, New South Wales. In: Buckley RC (ed), Ant-plant interactions in Australia, 75-87. Dr. W. Junk Publishers, The Hague

【p.116-119】タネまきの最後を締めくくる糞虫（糞虫の仲間）

＊Koike S, Morimoto H, Kozakai C, Arimoto I, Yamazaki K, Iwaoka M, Soga M, Koganezawa M (2012) Seed removal and survival in Asiatic black bear *Ursus thibetanus* faeces: Effect of rodents as secondary seed dispersers. Wildlife Biology 18: 24-34
＊Koike S, Morimoto H, Kozakai C, Arimoto I, Soga M, Yamazaki K, Koganezawa M (2012) The role of dung beetles as a secondary seed dispersers after dispersal by frugivore mammals in a temperate deciduous forest. Acta Oecologica 41: 74-81

【p.122-125】ナメクジとカタツムリが運ぶタネ（ナメクジとカタツムリ）

＊Gervais JA, Traveset A, Willson MF (1998) The potential for seed dispersal by the banana slug (*Ariolimax columbianus*). American Midland Naturalist 140: 103-110
＊Kitabayashi K, Kitamura S, Tuno N (2022) Fungal spore transport by omnivorous mycophagous slug in temperate forest. Ecology and Evolution 12: e8565
＊松山 佑希子, 北村 俊平 (2019) 日本産キジムシロ属の種子散布者としてのノトマイマイの有効性：種子散布距離と発芽への影響. 石川県立自然史資料館研究報告 9: 1-12
＊鳴橋 直弘 (2017) ヘビイチゴを調べる. 大阪自然史センター, 大阪
＊西 浩孝, 武田 晋一 (2015) カタツムリハンドブック. 文一総合出版, 東京
＊Ridley HN (1930) The dispersal of plants throughout the world. L. Reeve and Co., Ashford
＊Türke M, Heinze E, Andreas K, Svendsen SM, Gossner MM, Weisser WW (2010) Seed consumption and dispersal of ant-dispersed plants by slugs. Oecologia 163: 681-693

【p.126-129】小さな昆虫が運ぶ小さなタネ（カマドウマの仲間）

＊de Vega C, Arista M, Ortiz PL, Herrera CM, Talavera, S. (2011) Endozoochory by beetles: A novel seed dispersal mechanism. Annals of Botany 107: 629-637
＊Duthie C, Gibbs G, Burns KC (2006) Seed dispersal by weta. Science 311: 1575
＊Eriksson O, Kainulainen K (2011) The evolutionary ecology of dust seeds. Perspectives in Plant Ecology, Evolution and Systematics 13: 73-87

＊中西 收, 小林 禧樹, 黒崎 史平 (2006) キヨスミウツボの生活. 兵庫県植物誌研究会, 神戸
＊Suetsugu K (2018) Independent recruitment of a novel seed dispersal system by camel crickets in achlorophyllous plants. New Phytologist 217: 828-835
＊Suetsugu K (2018) Seed dispersal in the mycoheterotrophic orchid *Yoania japonica*: Further evidence for endozoochory by camel crickets. Plant Biology 20: 707-712
＊末次 健司 (2023)「植物」をやめた植物たち(たくさんのふしぎ2023年9月号). 福音館書店, 東京
＊Suetsugu K, Kimura-Yokoyama O, Kitamura S. (2024) Earwigs and woodlice as some of the world's smallest internal seed dispersal agents: Insights from the ecology of *Monotropastrum humile* (Ericaceae). Plants, People, Planet, in press
＊Uehara Y, Sugiura N (2017) Cockroach-mediated seed dispersal in *Monotropastrum humile* (Ericaceae): A new mutualistic mechanism. Botanical Journal of the Linnean Society 185: 113-118

【p.132】動物散布の経済価値

＊Hougner C, Colding J, Söderqvis T (2006) Economic valuation of a seed dispersal service in the Stockholm National Urban Park, Sweden. Ecological Economics 59: 364-374
＊Silva WR, Zaniratto CP, Ferreira JOV, Rigacci EDB, Oliveira JF, Morandi MEF, Killing JG, Nemes LG, Abreu LB (2020) Inducing seed dispersal by generalist frugivores: A new technique to overcome dispersal limitation in restoration. Journal of Applied Ecology 57: 2340-2348
＊Tomback DF (2016) Seed dispersal by corvids: Birds that build forests. In: Sekercioglu CH, Wenny DG, Whelan CJ (eds) Why Birds Matter: Avian Ecological Function and Ecosystem Services, 196-234. University of Chicago Press, Chicago

【p.133】果実を食べるカメ

＊Falcón W, Moll D, Hansen DM (2020) Frugivory and seed dispersal by chelonians: A review and synthesis. Biological Reviews 95: 142-166
＊菅原 早紀, 川窪 伸光 (2021) 淡水性カメ類による種子散布の可能性を探る―糞分析から得られた知見―. 爬虫両棲類学会報 2021: 162-172
＊田端 英雄 (1997) イシガメ. (田端英雄 編) エコロジーガイド 里山の自然, 93. 保育社, 東京
＊矢部 隆 (2002) 爬虫類と両生類. (広木詔三 編) 里山の生態学, 176-184. 名古屋大学出版会, 名古屋

編著者あとがき

本書制作のきっかけは、２０１８年3月の日本生態学会の年次大会にまでさかのぼります。種子散布の研究を志す若手が減少していることを危惧した小池さんから、日本の種子散布研究の現状を紹介する書籍をまとめましょうと提案されたのです。編著者の二人がタネまく動物たちの研究を志した20代前半に読みたかったと思える本を目指したものの、コロナ禍もあり、２０２３年春から本格的に始動しました。日本国内での研究事例を中心として、タネまく動物たちを対象としたユニークな研究を行ってきたメンバーに声をかけました。長期間のモニタリングを継続してきたことでようやく見えてきた現象、これまで観察が難しかった対象に新しい技術を活用して取り組んだ研究、タネを運ぶと思われていなかった動物たちを対象とした研究など、最新の知見を盛り込んだ一冊に仕上がっています。タネまく動物たちについて、さまざまな側面から紹介していただいた全執筆者の方に感謝します。また、イラストレーターのきのしたちひろさんには、本文を通して執筆者が伝えたいことをすてきなイラストとして仕上げていただきました。ありがとうございます。本書をきっかけとして、身近な植物とそのタネをまく動物たちとの魅力的な世界に引き込まれる読者が一人でも増えることを願っています。

【北村俊平】

執筆者

小池伸介　こいけしんすけ

p.10-13、22-25、28、47、116-119担当。東京農工大学大学院教授。博士（農学）。専門は生態学、森林生態系での生物間相互作用、ツキノワグマの生物学を研究しています。

辻 大和　つじやまと

p.16-19、30-33担当。石巻専修大学准教授。博士（農学）。東京大学大学院農学生命科学研究科修了後、京都大学霊長類研究所助教を経て、現職。

栃木香帆子　とちぎかほこ

p.29担当。東京大学先端科学技術研究センター特任研究員。博士（農学）。ツキノワグマと堅果の関係や哺乳類の種子散布機能の研究をしています。

高橋一秋　たかはしかずあき

p.34-37担当。長野大学環境ツーリズム学部教授。博士（学術）。専門は生態学。植物の種子散布・花粉媒介と動物・昆虫の関係を研究しています。

田村典子　たむらのりこ

p.40-43担当。森林総合研究所・研究専門員。博士（理学）。リス類の行動生態研究を通して森林環境、生物間相互作用、保全生態学を研究しています。

吉川徹朗　よしかわてつろう

p.46、58、88-91担当。大阪公立大学理学部生物学科准教授。博士（農学）。生態系における動物と植物のつながりの広がりについて研究をしています。

中本 敦　なかもとあつし

p.48-51担当。岡山理科大学准教授。博士（理学）。専門は動物生態学、琉球列島のオオコウモリや人と生き物の関係についての研究をしています。

佐藤華音　さとうかのん

p.54-57担当。東京農工大学大学院連合農学研究科博士課程。生物の種間の関係に興味があり、主に付着種子散布の研究に取り組んでいます。

北村俊平　きたむらしゅんぺい

p.59-60、80-83、122-129、133担当。石川県立大学生物資源環境学部准教授。博士（理学）。専門は植物生態学、植物と動物の相互作用、サイチョウ類の果実食と種子散布。

青山夕貴子　あおやまゆきこ

p.62-65担当。環境省関東地方環境事務所野生生物課外来生物企画官。博士（生命科学）。大学院在籍時に小笠原諸島の海鳥について研究。

平田令子 ひらたりょうこ

p.68-71担当。宮崎大学農学部准教授。博士（農学）。専門は森林保護学、研究対象は鳥類や野ネズミによる種子散布、低コスト再造林、シカ食害。

西 教生 にしのりお

p.72-75担当。都留文科大学非常勤講師。専門は鳥類生態学。イワツバメやホシガラスの生態、森林の鳥類群集が研究テーマ。

直江将司 なおえまさし

p.78-79、92-93、107、132担当。森林研究・整備機構森林総合研究所主任研究員。博士（理学）。専門は森林生態学、主に鳥類と哺乳類の種子散布を研究しています。

阿部晴恵 あべはるえ

p.84-87担当。新潟大学佐渡自然共生科学センター演習林（佐渡島にあります）で島の生き物の生態や進化について研究をしています。

大河原恭祐 おおかわらきょうすけ

p.94-97、110-113担当。金沢大学生命理工学類准教授。博士（環境科学）。専門は昆虫のアリ類と鳥類を対象とした行動生態学、群集生態学、保全生態学。

安藤温子 あんどうはるこ

p.100-103担当。国立環境研究所主任研究員。博士（農学）。専門は生態学、島嶼生鳥類の進化と生態系機能、保全に関する研究を行う。

北林慶子 きたばやしけいこ

p.106担当。金沢大学大学院自然科学研究科博士課程修了。博士（理学）。研究対象はきのこの匂いを用いた胞子散布戦略。

深野裕也 ふかのゆうや

p.108担当。千葉大学園芸学研究科准教授。人間と生き物の関係を進化や生態の観点から、広く研究しています。

イラスト

きのした・ちひろ

岡山県出身。東京大学大学院農学生命科学研究科卒業。農学博士。ポスドク期間を経て、現在はイラストレーターに。

タネまく動物（どうぶつ）
体長150センチメートルのクマから
1センチメートルのワラジムシまで

2024年9月30日　初版第1刷発行

編 著 者：小池伸介・北村俊平
イラスト：きのした ちひろ
発 行 者：斉藤 博
発 行 所：株式会社 文一総合出版
〒102-0074
東京都千代田区九段南3-2-5　ハトヤ九段ビル4階
tel. 03-6261-4105　fax. 03-6261-4236
URL：https://www.bun-ichi.co.jp/
振替：00120-5-42149
デザイン：鈴木千佳子
校　　正：いいだ かずみ
印　　刷：奥村印刷株式会社

ISBN978-4-8299-7255-7　NDC480　128 × 188mm　152P　Printed in Japan